Nistkästen und Futterstellen bauen

Amen & Maria Fisher

Nistkästen und Futterstellen bauen

aus Baumstämmen und anderen Fundstücken aus der Natur

Weltbild

Inhalt

Die Projekte im Überblick

Projekt 1

Vogelhaus mit Flachdach

Seite 32

Projekt 5

Luxus-Almhütte

Seite 50

Projekt 2

Berghütte

Seite 38

Projekt 6

Mehrfamilien-haus

Seite 52

Projekt 3

Alpine Landschaft

Seite 44

Projekt 7

Vogelhaus Rocky Docky

Seite 58

Projekt 4

Alpen-Chalet

Seite 46

Projekt 8

Vogelhausset mit flacher Rückwand

Seite 62

Projekt 9

Doppelhaus für Sperlinge

Seite 66

Projekt 10

Wurzel-Vogelhaus

Seite 72

Projekt 11

Offene Nisthöhle

Seite 74

Projekt 12

Vogel- und Bienenhaus

Seite 76

Projekt 13

Eulenhaus mit Reinigungsklappe

Seite 80

Projekt 14

Einfacher Vogelhaus-Ständer

Seite 86

Projekt 15

Futterstation Vogelspielplatz

Seite 92

Projekt 16

Futterspender Wunschbrunnen

Seite 94

Projekt 17

Erdnussbutter-Futterstation

Seite 98

Projekt 21

Hummel-Haus

Seite 108

Projekt 18

Futterstation Elfentür

Seite 100

Projekt 22

Flaum-Spender

Seite 112

Projekt 23

Holzblock-Pflanzgefäß

Seite 116

Projekt 19

Futterstation Treibholz

Seite 102

Projekt 24

Fledermauskasten mit einer Kammer

Seite 120

Projekt 20

Insektenhotels

Seite 104

Projekt 25

Fledermauskasten mit zwei Kammern

Seite 124

Einführung

Die natürlichen Vogelhäuser und Behausungen für andere Tiere in diesem Buch wurden von zwei Naturfreunden mit einem besonderen Faible für Vögel entworfen. Unsere einzigartige Zusammenstellung, die unter dem Motto „zurück zur Natur“ (Given Back Bird Houses) steht, umfasst eine große Vielfalt an Singvögelhäusern, Futterstellen, Halbhöhlenkästen, Fledermauskästen, Insektenhotels, Baumständern und ein Holzblock-Pflanzgefäß.

Im wahren Geist der frühen Naturforscher lassen wir alle modernen Vogelbehausungen außer Acht, die auf gefrästen Schnitt- und Vierkanthölzern beruhen, und gehen für die Basis unserer Entwürfe zurück in die Geschichte der Naturwissenschaften. Zusammen haben wir das Lebenswerk mehrerer bekannter Ornithologen gründlich erforscht und anschließend eine ganze Reihe exakter Repliken vom Lebensumfeld wildlebender Vögel kreiert.
Alle unsere Produkte sind zu 100 Prozent Originalentwürfe, die im Laufe der Jahre von uns perfektioniert wurden. Diese Vogelhäuser sind so sorgfältig konstruiert, dass sie Generationen überdauern und sogar extremen Witterungsverhältnissen standhalten.
Wir haben auch unser eigenes Befestigungssystem entwickelt; dabei verläuft der Draht ringsherum um das Vogelhaus und trägt das Gesamtgewicht von der Unterseite her. An der Spitze bildet der Draht eine wieder lösbare Schlaufe, mit der sich das Vogelhaus an jedem Ast anbringen lässt, und zwar auf einfache und sichere Weise und ohne den Baum zu verletzen.
Wir beginnen zunächst, abgestorbenes Holz oder Treibholz zu sammeln, dazu verschiedene Sorten Moos, Zapfen, Rindenstücke und Äste. Anschließend höhlen wir jedes Holzstück aus, wobei wir Maße wählen, die für die Ansprüche kleinerer Singvögel, wie beispielsweise Kleiber, verschiedene Meisenarten und Zaunkönig, optimal passen. Wir haben ein Design für einen Halbhöhlenkasten entwickelt, um damit Rotkehlchen, Finken und Rotschwänzchen anzulocken; sie profitieren von der Tarnung, die diese Schutzräume bieten. Die Insektenhotels sind Miniaturnachbildungen unserer Vogelhäuser, ausgestattet mit winzigen Löchern, die bestäubenden Insekten wie Wildbienen, Wespen, Tag- und Nachtfaltern ein eigenes Habitat bieten. Wir haben außerdem Fledermauskästen und spezielle Vogelhäuser entwickelt, um auch wildlebenden Höhlenbrütern, wie beispielsweise Eulen, einen Unterschlupf anzubieten.
Bevor die Häuser fertig sind, befestigen wir daran die gesammelten Materialien, um die Vögel anzulocken und ihnen das zur Verfügung zu stellen, was sie für den Nestbau im Inneren benötigen. Obwohl wir damit kein Ökosystem aus dem Gleichgewicht bringen, nehmen wir lediglich solche Materialien, die wir für diese einzigartigen Vogel-, Insekten- und Fledermaus-Häuser benötigen. Zuletzt hängen wir sie in unserem Garten auf, damit wird den Vögeln ein Stück Wald zurückgeben.
Seit wir 2009 damit begannen, unsere Given Back Bird Houses zu bauen, fragen uns Menschen danach, wie wir das machen. Und jetzt, mit diesem Buch, teilen wir zum ersten Mal unsere begehrten Bau- und Dekorations-Anleitungen in gedruckter Form.

Viel Spaß beim Bau Ihrer eigenen Vogelhäuser!

Amen & Maria Fisher
www.GivenBackBirdHouses.com

Erste Schritte

Wie Sie die Tierwelt in Ihren Garten locken

Im eigenen Garten für ein gesundes Ökosystem zu sorgen bietet Ihnen reichlich Lohn. Schaffen Sie kleine Biotope mit Futter- und Wasserstellen, dadurch locken Sie nach und nach immer mehr Arten an, bis ein vollständiges Ökosystem entsteht. Stellen Sie sich eine Liste zusammen mit allem, was Sie dafür benötigen; so können Sie ein positives Zusammenspiel mit der Natur erreichen.

Biotope für Vögel

Ausreichend Biotope für Vögel einzurichten, um möglichst viele verschiedene Arten zu unterstützen, ist unglaublich lohnend. Nestbau und erfolgreiches Brüten mitzuerleben ist immer wieder ein fantastisches Wunder. Wildvögel sorgen dafür, dass der Tag in einem bestimmten Rhythmus verläuft. Frühmorgens wecken sie uns mit heiteren Gesängen, den ganzen Tag über zwitschern sie von ihrem Treiben, sie warnen mit lauten Alarmrufen, sobald ein Fressfeind auf der Bildfläche erscheint, und – vielleicht am schönsten – sie lassen den Tag mit ihren ganz speziellen Abendritualen und Liedern ausklingen.

Die Vogelhäuser in diesem Buch wurden sorgfältig entworfen, um viele unterschiedliche Vogelarten anzulocken. Tatsächlich stellen sie sehr genaue Nachbauten dar von dem, was Vögel in der Natur finden; damit können Sie sogar die Aufmerksamkeit äußerst wählerischer Spezies wecken.

Vögel füttern

Wildvögel benötigen das ganze Jahr über Wasser. In Trockenzeiten kann eine Schale mit Wasser lebensnotwendig sein. Sogar im Winter, wenn Schnee liegt, bietet sie einen willkommenen Ruheort. Füllen Sie jeden Tag Wasserschalen für alle Wildvögel. Ein zusätzlicher Vorteil: Sie können die Trinkgewohnheiten verschiedener Vogelarten beobachten.
Wenn Sie unsere Futterstellen nachbauen und benutzen, schaffen Sie damit einen reizvollen Anziehungspunkt. Weiterhin laden Sie scheue Wildvögel ein, aus den Büschen und dem Unterholz herauszukommen, sodass Sie sie beobachten können. Sie erleben sie aus nächster Nähe, erfreuen sich an ihren unterschiedlichen und mitunter sonderbaren Fressgewohnheiten und können ihre charakteristischen Flugtechniken bewundern. Wenn Sie außerdem Samen und Tierfett füttern, stellen Sie sicher, dass es immer genügend Insekten in Ihrem Garten gibt. Vögel beteiligen sich gern an der Schäd-

Bienen benötigen ebenfalls Fasern und Flaum, die Vögel für den Nestbau nutzen, um ihre Erdhöhlen damit auszukleiden.

lingsbekämpfung, einer Ihrer schwierigsten Aufgaben im Garten.

Bestäuber

Weitere Insekten, für die Totholz eine wichtige Rolle spielt, sind die Mauerbienen. Wie manche Vögel suchen sie sich abgestorbene Baumstämme, um darin ihre Nester anzulegen. Mauerbienen sind nicht aggressiv. Sie kommen mit kühleren Temperaturen gut zurecht, daher sind sie wesentlich länger aktiv und bestäuben 20-mal mehr als andere Arten.
Auch Hummeln gehören zu den eifrigsten Bestäubern. Bereits in den ersten, noch kalten Frühlingstagen halten sie Ausschau nach Löchern in totem Holz, wo sie im Mulm der Nester aus dem vergangenen Jahr nisten. Wenn Sie ihnen ein eigenes Insektenhotel anbieten, stellen Sie sicher, dass es in Ihrem Garten eine stabile Population dieser nicht aggressiven Bestäuber gibt. Wir machen die Löcher genau passend für die Hummeln, sodass sie nicht mit anderen Arten konkurrieren müssen.

Pflanzen für Wildtiere

Blumen und Kräuter anzupflanzen, die Bestäuber in den Garten locken, ist ebenfalls eine wichtige Maßnahme, um ein stabiles Ökosystem zu schaffen. Ohne diese lebensnotwendigen Pflanzen hätten sie keine Nahrung und könnten sich nicht fortpflanzen – trotz der für sie angebrachten Nisthilfen. Die Anwesenheit von Bestäubern trägt sich selbst: Ihr natürliches Verhalten sorgt für mehr Pflanzen, damit steht ihnen wiederum mehr Nahrung zur Verfügung und die Population kann wachsen.

Unser Holzblock-Pflanzgefäß (siehe Seite 116) ist der perfekte Behälter, um Blumen zu ziehen. Hummeln setzen ihre Hinterbeine ein und durchkämmen damit sorgfältig jeden Teil der Blüte, um Pollen einzusammeln und ins Nest zu transportieren.

Tiere der Nacht

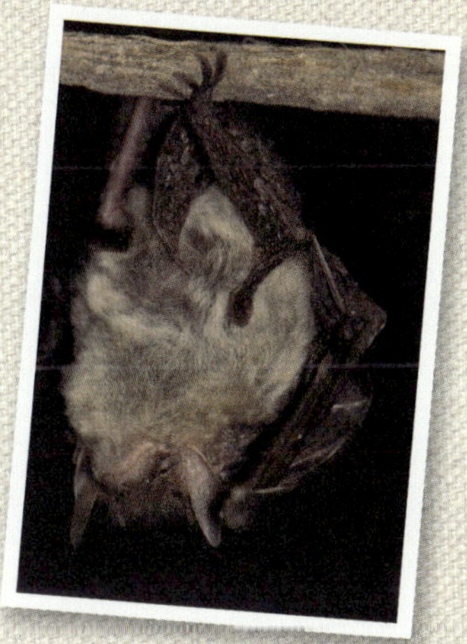

Lebensraum für Fledermäuse zu schaffen ist die sicherste Methode, dass die Tiere in der Nacht erscheinen. Die meisten Arten sind Insektenfresser und auch nachts eifrige Bestäuber. Eine einzige Fledermaus kann pro Nacht nicht nur mehrere Tausend Mücken vertilgen, sondern ihre Exkremente in Form von Guano gelten weltweit unter Gärtnern als einer der besten Naturdünger überhaupt. Während viele Leute Fledermauskästen aufhängen, um Insekten einzuschränken, sammeln andere den wertvollen Fledermausguano ein und mischen ihn unter ihre Gartenerde. Fledermäuse benutzen Echoortung für die Navigation, und es ist faszinierend, ihnen bei ihren Flugmanövern in der Dämmerung zuzusehen. Außer den Fledermäusen möchten Sie vielleicht auch eine oder zwei Eulen auf Ihrem Grundstück beherbergen. Eine gesunde Eulenpopulation steht allgemein für ein gesundes Ökosystem, darüber hinaus sorgen diese Vögel auf einfache und natürliche Weise dafür, dass die Nagetiere nicht überhandnehmen.

Holz auswählen und sammeln

Für wildlebende Vögel stellt Totholz das perfekte Material zum Nestbau dar. Als Totholz bezeichnet man jeden Baum aus einem Wald, der aufgrund seines hohen Alters oder anderer natürlicher Ursachen abgestorben und nach Verlust von Wasser und Pflanzensaft vertrocknet ist. Am besten geeignet ist poröses Holz, das noch seine Rinde hat.

Totholz

Totholz kann jahrzehntelang im Wald stehen und Generationen von Höhlenbrütern beherbergen, aber der größte Teil wird jedes Jahr auf natürliche Weise durch Wind und Sturm abgetragen. Dann können Sie es vom Waldboden aufsammeln – mit der Erlaubnis des Eigentümers bzw. nach den Regelungen für staatliche Forstgebiete.

Was die verschiedenen Holzarten betrifft, so ist vor allem die Tatsache wichtig, dass es sich um Totholz handelt. Ganz gleich, ob Ihr Holzstück hart wie Apfel, Eiche und Buche, mittelhart wie Douglasie, Walnuss und Ulme oder weich wie Zeder, Birke, Kiefer, Fichte und Erle ist, es lässt sich immer etwas Sinnvolles daraus machen. Sie müssen nur darauf achten, dass das Holz keinen Pflanzensaft mehr enthält, denn ohne Feuchtigkeit können sich Schimmelpilze und Bakterien, die für frisch geschlüpfte Vögel eine Gefahr darstellen, nicht vermehren und ausbreiten.

Wenn Sie im Wald nach umgestürzten Bäumen Ausschau halten, sollten Sie als Erstes auf eine Anhöhe steigen. Von hier aus haben Sie einen guten Blick über den Waldboden und erkennen gleich die horizontalen Linien, die umgestürzte Bäume markieren. Sobald Sie einen entdecken, suchen Sie nach Holzstücken mit einem Durchmesser von 15 bis 25 cm und prüfen, ob sie für Ihre Zwecke geeignet sind.

Ungeeignetes Totholz: zu stark verfault

Zu frisch, enthält Spalten

Geeignetes Totholz: natürlicher Bruch, liegt nicht vollständig auf dem Boden auf

Leicht zu erkennen an den Pilzen, die darauf wachsen

Die Eignung prüfen

Zuerst achten Sie auf Holzfäule; man erkennt sie daran, dass größere Rindenstücke fehlen. Ist dies nicht der Fall, suchen Sie nach kleineren Bohrlöchern; sie zeigen an, ob das Holz bereits von Insekten ausgehöhlt wurde. Wenn Sie einen Abschnitt ohne Bohrlöcher finden, umfassen Sie den Holzstamm mit den Händen und tasten ihn nach weichen Stellen

ab. Mitunter sieht das Holz makellos und intakt aus, aber wenn man es etwas zusammenpresst, stößt man schnell mit den Fingern durch die Rinde, weil es verfault ist. Fühlt es sich dagegen durchgehend fest und trocken an, machen Sie mit dem nächsten Schritt weiter.
Hier geht es darum, „auf das Holz zu hören". Dazu klopfen Sie mit einem festen Stock gegen den Holzstamm. Achten Sie auf den Klang, der ein Indikator für trockenes Holz ist. Nasses Holz ergibt ein eher dumpfes Geräusch.
Wenn der Klang auf trockenes Holz deutet, machen Sie einen einzelnen Schnitt mit einer Handsäge. Schauen Sie sich die Innenseite nach Spuren von Feuchtigkeit an, wie beispielsweise dunkle Flecken oder dunkle nasse Ringe entlang der Innenseite der Rinde. Achten Sie auch auf Schäden durch Insektenfraß. Totholz von bester Qualität ist innen fest und fühlt sich trocken und überhaupt nicht klebrig an. Jetzt schneiden Sie den Holzstamm in Stücke, die Sie bequem tragen können. Glücklicherweise wiegt Totholz nur etwa ein Drittel von frischem Holz.

Treibholz

Dieselben Regeln gelten für Treibholz, das am Strand oder an Fluss- und Bachufern angespült wird. Allerdings sind ca. 90 Prozent davon nicht für den Bau von Vogelhäusern geeignet. Achten Sie auf Anzeichen, ob der Baum noch gelebt hat oder schon abgestorben war, als er umstürzte. Grünholz erkennen Sie daran, dass es große Risse ausbildet, die Rinde abgeht und manchmal noch grüne Blätter oder Nadeln daran hängen. Vom Biber angenagtes Holz ist immer Grünholz – ein sicheres Zeichen, dass Sie es nicht verwenden können.

Tipp: Schneiden Sie niemals Holz von abgestorbenen Bäumen ab, die noch stehen, denn sie sind für das Überleben sehr vieler Arten unerlässlich. Nehmen Sie nur Holzstücke, die bereits am Boden liegen.

Ein Schnitt mit der Motorsäge zeigt an, dass der Baum noch lebte, als er gefällt wurde. Lassen Sie sich nicht täuschen: Nur weil ein Stück Holz alt aussieht und eine silberne Patina hat, muss es noch nicht für den Bau von Vogelhäusern geeignet sein. Machen Sie mit Treibholz die gleichen Tests, ganz gleich, wie sein äußeres Erscheinungsbild ist.

Fachleute vor Ort

Wenn Sie in der Stadt oder am Stadtrand wohnen, empfiehlt es sich, vor der Suche nach passendem Holz für Vogelhäuser mit den örtlichen Holzlieferanten oder Baumpflegern zu sprechen. Diese Experten wissen, wie man Totholz erkennt, und bieten oft auch Holz zum Verkauf an oder geben es kostenlos ab. Erkundigen Sie sich bei erfahrenen Holzarbeitern, ob die Wälder in Ihrer Region auch sicher sind oder ob es Holzarten gibt, die eventuell gesundheitliche Probleme verursachen oder allergische Reaktionen auslösen können. In Nordamerika ist beispielsweise die Lawsons Scheinzypresse gefürchtet, deren Sägemehl, wenn man es einatmet, Nieren und Leber beeinträchtigen kann. Allerdings ist die große Mehrzahl an Bäumen, die man im Garten findet, vollkommen ungefährlich.

Grundtechniken

Alle Projekte in diesem Buch folgen denselben Schritt-für-Schritt-Anleitungen: zuerst das Design auf dem Baumstamm aufzeichnen; dann alle Stücke ausschneiden; die Komponenten zusammenfügen; zuletzt das System für die Aufhängung anbringen. Dafür sind keine Maschinen zur Holzverarbeitung erforderlich, und die benötigten Grundtechniken sind leicht zu erlernen.

Das Holzstück markieren

Schauen Sie immer von oben senkrecht auf das Holzstück herunter, wenn Sie die Markierungen auftragen; das erleichtert es, gerade Linien auf einer gekrümmten Oberfläche zu ziehen. Wegen der Unregelmäßigkeiten des rauen Holzes empfiehlt es sich, die Mittellinie des Holzstücks als Basis für alle Messungen herzunehmen (und nicht von einem Ende zum anderen zu messen). Zuerst das Holzstück gut abbürsten, bevor Sie mit den Markierungen beginnen.

1. Für helle Oberflächen eignet sich ein Zimmermannsbleistift sehr gut, da er sich hinterher problemlos entfernen lässt. Auf einem Holzstück mit Rinde verwenden Sie Holzkreide oder Buntstifte, die sich von dem dunklen Untergrund abheben. Achten Sie auf ausreichend dicke, klare und sichtbare Markierungen.

2. Wenn Sie sich mit der Technik vertraut gemacht haben, können Sie auch ein Ritzmesser oder ein Sägeblatt ausprobieren, die für Markierungen auf Holzoberflächen geeignet sind.

Es ist sehr wichtig, die Trennungslinien in der angegebenen Reihenfolge zu ziehen. Das spart Ihnen langfristig Zeit. Nach dem Schnitt das Hirnholz jedes Stückes deutlich mit einem Pfeil markieren, der in Richtung der Vorderseite des Vogelhauses weist, um den Zusammenbau zu erleichtern.

Werkzeuge und Hilfsmittel

Die folgende Liste beinhaltet die Werkzeuge und Materialien, die gewöhnlich für die Projekte in diesem Buch verwendet werden.

Schneiden

- Stichsäge mit Sägeblatt für Holz/Metall, 150 mm, 230 mm, 300 mm
- Motorsäge mit 400-mm-Sägeblatt (optional)

Beachten Sie:
Für Projekte, die ein Holzstück mit einem Durchmesser unter 12,5 cm verlangen, nehmen Sie das 150-mm-Sägeblatt; für einen Durchmesser von 12,5 bis 20 cm nehmen Sie das 230-mm-Sägeblatt, für einen Durchmesser von über 23 cm nehmen Sie das 300-mm-Sägeblatt.

Bohren

- Handbohrer
- Flachfräsbohrer in den Größen 18 mm, 29 mm, 32 mm, 38 mm
- Spiralbohrer in den Größen 6 mm (20 bis 30 cm lang) und 12 mm (30 cm lang)
- Spiralbohrer in den Größen 3 mm, 5 mm, 6 mm, 9 mm, 12 mm

Meißeln

- Meißel, 12 mm, und rückschlagfreier Hammer

Verbinden

- Stiftnagler für Stauchkopfnägel von 50 mm Länge

Schleifen

- Tellerschleifer mit Schleifpapier, Körnung 60

Allgemeine Werkzeuge

- Greifzange
- Zweckenhammer
- Kreutzschlitzschraubenzieher
- Holzfeile halbrund/flach
- Seitenschneider
- Gartenschere

Hilfsmittel

- Stauchkopfnägel in den Größen 25 mm, 38 mm, 45 mm, 50 mm
- Schrauben, 50 mm
- Schrauben 75 mm
- Ringnägel 50 mm
- Wasserfester Holzleim für außen mit Leimpinsel (2,5 cm)
- PVC-beschichteter Bindedraht, 1,3 mm Durchmesser
- Bindedraht ohne Beschichtung, 1,3 mm Durchmesser
- Schleifpapier (Körnung 120)
- Mischung aus reinem Bienenwachs und Tungöl (siehe Seite 22)
- Lappen zum Polieren
- Borstenpinsel

Sicherheitsausrüstung

- Schutzbrille mit durchsichtigen Gläsern
- Staubschutzmaske
- Schnittschutzhose als Beinschutz bei Benutzung der Motorsäge
- Ohrstöpsel
- Handschuhe (am besten Mechaniker-Schutzhandschuhe für eine gute Beweglichkeit)
- Schutzhelm

Man könnte die Sicherheitsausrüstung leicht als „optional“ oder gar „unnötig“ abtun, aber sie ist für Ihre Arbeit unerlässlich. Unfälle und Verletzungen zu vermeiden ist die wichtigste Voraussetzung, um das nächste Projekt in Angriff nehmen zu können. Bitte überlegen Sie, ob Sie nicht lieber das eine oder andere Werkzeug oder Hilfsmittel durch ein Provisorium ersetzen sollten, bevor Sie einen Teil Ihrer Sicherheitsausrüstung weglassen oder verändern. Wir benutzen alles, und zwar immer.

Wichtige Regel für Handschuhe: Tragen Sie niemals Handschuhe, wenn Sie einen Bohrer benutzen. Arbeiten Sie mit bloßer Hand und halten Sie Materialien, Riemen und lange Haare aus der Reichweite des Drehapparates.

Das Holzstück zuschneiden

Festschnallen und Einspannen

Sichern Sie jedes Holzstück sorgfältig, bevor Sie es mit Elektrowerkzeugen bearbeiten. So können Sie klare Schnitte anbringen und das Verletzungsrisiko vermindern. Nehmen Sie einen Spanngurt, wie hier zu sehen, oder eine Schraubzwinge. Achten Sie auf eine ebene Arbeitsfläche und probieren Sie aus, ob das Holzstück auch fest sitzt und nicht wegrutschen kann, bevor Sie anfangen.

Schneiden mit der Stich- oder Säbelsäge

Es ist wichtig, die gesamte Länge des Sägeblatts zu nutzen, das für das jeweilige Projekt benötig wird. Das Blatt immer fest auf das Holz drücken, bevor Sie das Gerät starten. Schalten Sie es nicht ein, solange das Blatt noch in der Luft ist.

1. Um ein Holzstück in kleinere Abschnitte zu zersägen, platzieren Sie die Stichsäge auf der Oberfläche, drücken den Einschaltknopf und sägen in einer wiegenden Bewegung vor und zurück (ähnlich der wippenden Bewegung einer Handsäge). Das Ziel ist ein klarer, gerader Schnitt, ohne die Rinde einzureißen; das ist besonders wichtig für Dach und Boden des Vogelhauses (vermeiden Sie es, die Rinde mit der Führungsschiene zu berühren). Behalten Sie beide Seiten des Sägeblatts im Auge, um sicherzugehen, dass Sie den Markierungen folgen.

2. Wenn Sie ein Holzstück aushöhlen möchten, stecken Sie die Spitze des Sägeblatts in ein Bohrloch und betätigen vorsichtig den Einschaltknopf, bis das Blatt greift. Halten Sie es, bis es sich selbst bis zur anderen Seite durchgebohrt hat. Sobald es durch ist, drücken Sie die Führungsschiene gegen das Holz und richten das Sägeblatt auf das nächste Bohrloch aus. Wenn es das nächste Bohrloch erreicht hat, stoppen Sie ab, ziehen das Sägeblatt heraus und beginnen mit dieser Technik von Neuem im Winkel zum nächsten Bohrloch.

1

2

Schneiden mit der Motorsäge

Benutzen Sie niemals eine Motorsäge, ohne dass Sie jemand darin unterwiesen hat, wie man richtig damit umgeht. Und lesen Sie stets alle Sicherheitsbestimmungen, die für Ihr Gerät gelten. Alle Projekte in diesem Buch können auch ohne Motorsäge realisiert werden. Wer jedoch gern damit arbeitet, kann dies ruhig tun: Schalten Sie aber die Motorsäge erst ein, nachdem Sie Ihre Sicherheitsausrüstung angelegt haben, einschließlich Helm, Augen-, Ohren- und Beinschutz.

1. Wenn Sie Holz mit der Motorsäge schneiden, müssen Sie jederzeit damit rechnen, dass es zu einem Rückschlag kommen kann. Das passiert, wenn die Spitze des Sägeblatts frontal auf eine Oberfläche trifft, abprallt und in Ihre Richtung zurückgeschleudert wird. Denken Sie daran und stellen Sie sich so hin, dass das Sägeblatt Sie nicht verletzen kann. Halten Sie den Körper senkrecht über dem Blatt, sägen Sie nicht über Schulterhöhe und denken Sie an Finger und Gesicht, um das Risiko einer Verletzung durch die Motorsäge weitestgehend auszuschalten.

2. Um beim Aushöhlen durch das Holz zu stoßen, setzen Sie die Motorsäge in Gang und beginnen mit einer kleinen, ca. 4 cm tiefen Rille senkrecht zum Hirnholz des Holzstückes. Die Säge vorsichtig hin und her fahren, wobei das Blatt jedes Mal ungefähr 12 mm eindringt. Sobald die Spitze auf der anderen Seite durch das Holz stößt, drosseln Sie das Tempo und lassen die Säge sich selbst durch die letzten paar Zentimeter arbeiten. Wenn das gesamte Sägeblatt durch das Holzstück gedrungen ist, folgen Sie vorsichtig der markierten Schneidelinie in beide Richtungen, dann stoppen Sie. Wiederholen Sie das Ganze noch dreimal, um einen glatten Schnitt zu erzielen, der es Ihnen erlaubt, die Mitte in einem Stück zu entfernen. Achten Sie stets darauf, sich an die markierten Linien zu halten.

Das Holzstück aushöhlen

Die Schnitttechniken auf Seite 18–20 lassen sich auf mehrere Arten kombinieren, um ein Holzstück auszuhöhlen und damit die Bruthöhle des Vogelhauses zu gestalten. In diesem Buch zeigen wir Ihnen fünf Möglichkeiten, wie Sie hartes und weiches Totholz aus Ihrer Region anpassen. Obwohl bei jedem Projekt eine bestimmte Methode empfohlen wird, können Sie diese variieren, je nachdem, welches Holz Sie gefunden haben und welche Technik Sie bevorzugen. Methode 1, 3 und 4 erfordert jeweils das Schneiden mit der Stichsäge.

1: Bohren – schneiden – ausstemmen, Projekt 1 (Seite 32)
2: Bohren – ausstemmen, Projekt 2 (Seite 38)
3: Schneiden – schneiden – ausstemmen, Projekt 4 (Seite 36)
4: Nur schneiden, Projekt 6 (Seite 52)
5: Nur bohren, Projekt 17 (Seite 98)

Bohren

Bohren Sie immer weg vom Körper. Stecken Sie als Erstes die Bohrerspitze ins Holz, bevor Sie einschalten. Sobald der Bohrer im Holz steckt, führen Sie ihn in gerader Linie auf der gleichen Bahn.

1. Normaler Spiralbohrer: Bohren Sie so lange vor und zurück, bis Sie auf der anderen Seite herauskommen. Niemals mit Gewalt, sonst könnte der Bohrer brechen.

2. Flachfräsbohrer: Ein Flachfräsbohrer zieht nicht automatisch die Holzspäne aus dem Bohrloch; deshalb müssen Sie nachhelfen, indem Sie ihn jeweils zurückziehen, um die Späne auszuleeren. Sobald Sie bemerken, dass die Bohrerspitze auf der anderen Seite herauskommt, verringern Sie den Druck und lassen den Bohrer allein arbeiten. So verhindern Sie, dass der Bohrer die andere Seite durchstößt.

3. Schlangenbohrer: Achten Sie darauf, den Bohrer akkurat auszurichten, bevor Sie ihn einschalten. Dies ist ein schneller Bohrer, der keinen Fehler verzeiht und sich selbst durch das Holz zieht. Schlangenbohrer sind speziell konstruiert, um die Holzspäne aus dem Loch zu befördern. Sobald Sie jedoch etwa die halbe Strecke gebohrt haben, sollten Sie ihn etwas zurückziehen, falls sich Sägemehl im Bohrloch anhäuft.

Meißeln

Der Zweck des Meißelns besteht darin, der natürlichen Krümmung des Holzes zu folgen, um eine runde Höhle zu formen. Meißeln ist häufig leichter und auf jeden Fall ungefährlicher, als einen unregelmäßig geformten Holzblock mit der Maschine zu bearbeiten. Stellen Sie das Stück mit dem Hirnholz auf eine ebene Oberfläche und verwenden Sie für den Meißel einen rückschlagfreien Hammer, der eine breite Basis aufweist und die Schläge gut abdämpft. Achten Sie darauf, immer vom Körper weg zu schlagen und im Zentrum des Holzblocks eine runde Höhlung zu formen.

Die Teilstücke verbinden

Verleimen

Verleimtes Holz hält sehr fest, sodass das Leimen mittlerweile dem Nageln vorzuziehen ist. Wir verwenden eine Kombination aus beiden Methoden, die dauerhaft eine äußerst feste Verbindung garantiert. Bevor Sie Leim auftragen, alle Holzteile sorgfältig abbürsten und mithilfe der Richtungspfeile (siehe Seite 16) aneinanderfügen, dabei die Holzmaserung und die Rindenkerben beachten. Wenn Sie mit der Positionierung der Einzelteile zufrieden sind, auf beide Oberflächen Leim auftragen, die Teile exakt aneinanderpressen und in einem Überkreuzmuster Nägel einschlagen (siehe Abbildung rechts). Soll das Holz versiegelt werden (siehe Seite 23), das Hirnholz mit einer Schicht Leim bedecken, die ausreichend dick ist, dass sie ins Holz eindringen kann. Lassen Sie den Leim stets gut trocknen, am besten über Nacht. Wichtig ist es, Leim auf Wasserbasis zu nehmen, damit er den Vögeln nicht schaden kann.

Tipp: Legen Sie eine Handvoll Hackschnitzel oder Holzspäne in das Vogelhaus, bevor Sie das Dach verleimen. So können die Vögel etwas aus der Nisthöhle schaffen.

Nageln

Wenn Sie zwei Holzstücke zusammennageln, niemals den Nagel gerade einschlagen, sondern immer in unterschiedlichen Richtungen, sodass ein Überkreuzmuster entsteht. Dies verankert die Stücke sehr fest und verhindert, dass die Nägel herausgezogen werden. Wir verwenden Stauchkopfnägel (die auch für Zierleisten eingesetzt werden), da sie dünner sind als die normalen Baunägel und ihr Kopf im Vergleich zum Stift nur leicht verdickt ist, sodass sie vollständig im Holz verschwinden. Am besten nehmen Sie galvanisierte oder Edelstahl-Nägel für diese dauerhaften Freilandprojekte, damit sie nicht rosten.

Die Basis verbinden

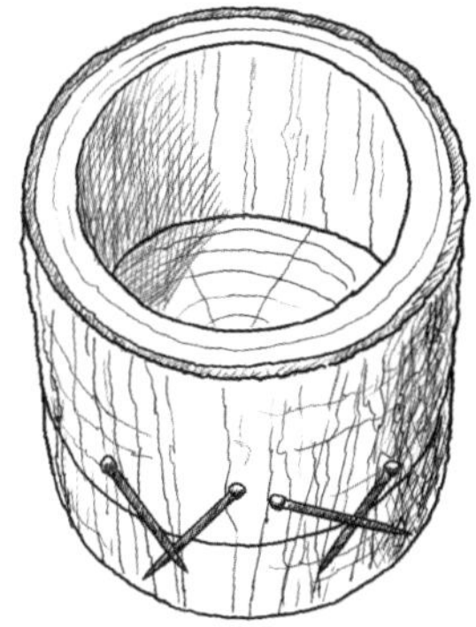

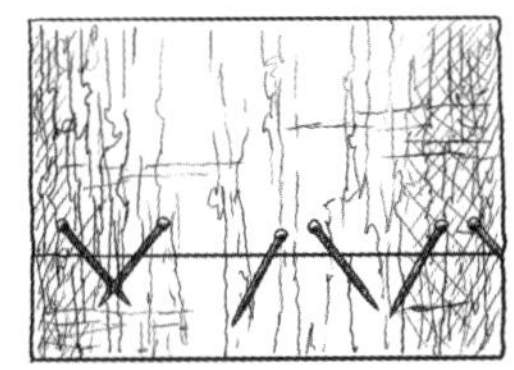

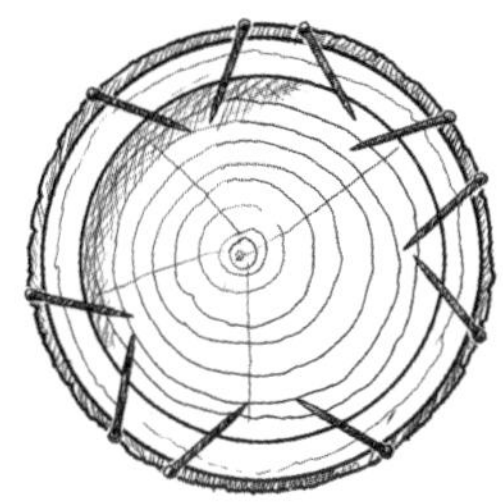

Dach und Seitenteile verbinden

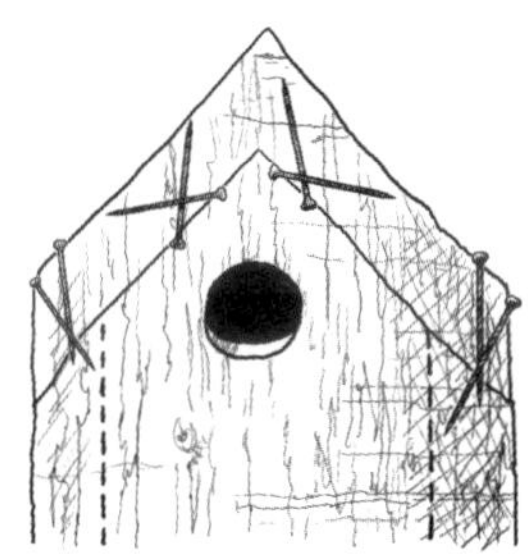

Verzierungen anbringen

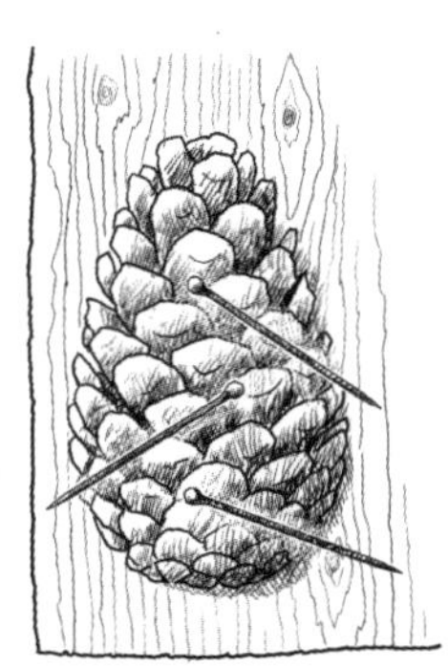

Fertigstellung

Schleifen

Wenn Sie das Holz anschleifen, tritt die Maserung besonders hervor. Fangen Sie mit einem grobkörnigen Schleifpapier an (Körnung 60 oder 80) und machen Sie Kreisbewegungen. Sie können eine Schleifmaschine verwenden oder per Hand schleifen. Wir benutzen anfangs eine Bohrmaschine mit Schleifaufsatz und vollenden das Werk dann per Hand. Oberstes Ziel ist dabei, die tiefsten Kerben einzuebnen. Anschließend wechseln Sie zu Papier der Körnung 120 und schleifen mit der Maserung. Arbeiten Sie so lange, bis das gewünscht Ziel erreicht ist. Eine raue Oberfläche sieht rustikal aus, während eine feine, glatte Oberfläche Eleganz ausstrahlt.

Tragen Sie beim Schleifen immer eine Staubmaske, vor allem bei der Arbeit mit Zedernholz. Eine Atemmaske empfiehlt sich auch, wenn Sie draußen schneiden, da der Wind Sägemehl aufwirbeln kann.

Wachsen

Tungöl ist ein natürliches Produkt aus den ölreichen Samen des Tungölbaumes *(Vernicia fordii)*. Wenn man es mit Bienenwachs mischt, ergibt es eine lang haltende, nicht-toxische Schicht, die das geschliffene Holz versiegelt, verschönert, schützt und imprägniert.

1. Sie benötigen eine Dose mit reinem, flüssigem Bienenwachs und eine Dose Tungöl. Die beiden Flüssigkeiten sorgfältig mischen und in ein Schraubglas füllen. Sobald das Ganze abgekühlt ist, das Gefäß mit einem Deckel verschließen und nach Bedarf verwenden.

2. Um die Öl-Wachs-Mischung aufzutragen, wärmen Sie sie zuerst mit den Händen, damit sie geschmeidig wird. Dann per Hand auf die geschliffenen Flächen reiben, bis Sie merken, dass das Holz sie absorbiert hat. Sobald die Oberfläche mit handwarmem Wachs bedeckt ist, lassen Sie es 10 Minuten lang abkühlen und aushärten. Anschließend mit einem weichen Tuch nachpolieren. Wiederholen Sie das Ganze zwei- oder dreimal. Wasser wird jetzt von der Oberfläche abperlen.

Geschliffenes Holz

Gewachstes Holz

Die Drahtaufhängung anfertigen

Schneiden Sie zweimal die entsprechende Länge Draht für das Projekt ab, an dem Sie gerade arbeiten; das heißt, der Draht sollte ungefähr einmal um das Vogelhaus reichen, sowie zusätzlich 60 cm. Die beiden Enden in eine Gewindebohrung stecken. Die Schlaufe an einem Nagel festmachen und stramm anziehen, dann die beiden Drähte so weit verdrillen, dass die Bohrung etwa 2,5 cm vom Schlaufenende entfernt liegt. Die Bohrung lösen und beide Enden mit einem Drahtschneider sauber abtrennen.

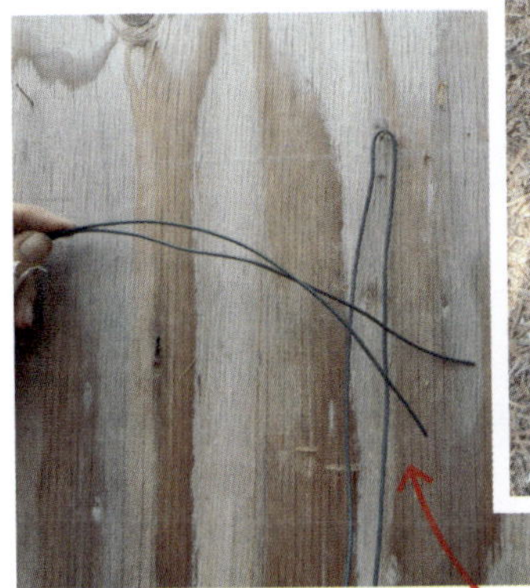

Wir verwenden einen 1,3 mm starken, PVC-beschichteten Bindedraht, den wir doppelt nehmen, um unsere Vogelhäuser aufzuhängen.

Wieder lösbare Schlaufe

Stecken Sie den Draht in die Löcher, die Sie nach der Schritt-für-Schritt-Anleitung gebohrt haben. Er sollte auf der einen Seite des Daches ca. 45 cm und auf der anderen ca. 15 cm überstehen. Die beiden Drahtenden bis zum Scheitelpunkt führen und auf ca. 5 cm direkt über dem Vogelhaus verdrillen. Anschließend das kurze Ende zu einem kleinen und das lange Ende zu einem großen Wirbel formen. Diese beiden können miteinander verbunden werden und bilden eine wieder lösbare Schlaufe.

Das Hirnholz versiegeln

Als Hirnholz werden die Flächen im 90°-Winkel zur Längsachse des Holzes bezeichnet. Tragen Sie auf das gesamte Hirnholz des Vogelhauses Leim (siehe Seite 21) auf, dadurch wird das Holz auf nicht-toxische Weise versiegelt. Wir versiegeln das Vogelhaus üblicherweise, nachdem wir die Drahtaufhängung angebracht haben, hängen es über Nacht auf und lassen es trocknen, bevor wir es dekorieren. Manchmal tragen wir Wachs auf die Vorderseite auf, bevor wir das Hirnholz verleimen, um die geschliffene Oberfläche vor dem Leim zu schützen.

Vogelhäuser dekorieren

Verzierungen verwandeln unsere Vogelhäuser von einem rohen Stück Holz in ein wunderschönes Kunstwerk. Aus Stöckchen werden Sitzstangen, während Schindeln die Dachunterseite schützen und dem Haus Charakter und Stil verleihen. Moose, Flechten und Zapfen liefern farbliche Kontraste, strukturelle Elemente und mitunter die Illusion einer Miniatur-Landschaft.

Material sammeln

Sie können alles einsammeln, solange Sie sich an die Bestimmungen des Naturschutzes halten und die Natur nicht beeinträchtigen – am besten immer nur kleine Mengen, beispielsweise eine Handvoll Zapfen, die unter einem Baum liegen, sodass genügend für Eichhörnchen übrig bleiben.

Wenn Sie Moos einsammeln, nehmen Sie höchsten ein Stück mit 20 cm Durchmesser aus einem Moosteppich mit 120 cm Radius. Anschließend füllen Sie die kahle Stelle mit Moos vom Rand wieder auf. Auf diese Weise können Moose rasch regenerieren.

Suchen Sie bei jedem Sammeln andere Stellen auf und vermeiden Sie Plätze, die von Wegen einsehbar sind. So bleibt die Schönheit des Waldes für jedermann erhalten.

Dekorationsmittel

Feste Stöckchen und Kiefernzapfen sind ideal für die Dekoration unserer Vogelhäuser und Futterbehälter. Diese sollen mehrere Jahrzehnte halten, deshalb muss auch alles, was Sie außen anfügen, erstklassig sein. Alle Stöckchen, die sich nicht leicht mit den Händen brechen lassen, sind als Dekoration geeignet. Nehmen Sie die härtesten Exemplare und Zweige von Fruchtholz, und halten Sie Ausschau nach interessanten Formen. Verdrillte Stöckchen können optisch sehr ansprechend sein.

Zapfen von Nadelhölzern bilden tolle Verzierungen. Kiefernzapfen sind ausreichend fest, während Fichtenzapfen zwar schön aussehen, jedoch nicht sehr lange halten. Frische Tannenzapfen eignen sich auch sehr gut.

Rinde empfiehlt sich ebenfalls zur Dekoration. Rindenstücke mit einer Dicke von 12 bis 25 mm eignen sich optimal für Dachschindeln. Alternativ können Sie Schindeln aus dem Holzblock schlagen, der nach dem Aushöhlen des Vogelhauses übrig geblieben ist. Stellen Sie den Block mit einem Ende auf einen Hackstock und schlagen Sie mit einer scharfen Axt möglichst dünne Stücke ab. Ziel ist es, 6 mm dicke Schindeln zu bekommen, ganz gleich, welche Form der Block hat.

Moos ist ideal, um Häuser an feuchten oder schattigen Plätzen zu schmücken. Moose wirken antibakteriell und helfen dabei, die Luft in der Bruthöhle reinzuhalten. Vögel

Fertigen Sie selbst Schindeln an.

nehmen Moos, das außen am Haus angebracht ist, um das Nest im Inneren auszupolstern. Moos finden Sie unter anderem am Stamm von Bäumen und an den Spitzen von Ästen. Häufig sind Wasserquellen von Moosen und Flechten umgeben.

Verzierungen anbringen

Verwenden Sie mindestens drei Nägel für jedes einzelne Dekorationsstück. Schlagen Sie alle Nägel in einem Überkreuzmuster ein (siehe Seite 21). Sie müssen lang genug sein, um in die Wand des Vogelhauses einzudringen, sodass die Verzierungen fest und sicher sitzen. Die Nägel dürfen aber nicht so lang sein, dass sie in die Nisthöhle ragen und die Vögel verletzen können.

Wenn möglich, bringen Sie kleinere Teile wie verschiedene Stöckchen vorwiegend am Boden und am Dach des Vogelhauses an, und weniger im ausgehöhlten Mittelteil. Das hilft, die Stabilität des Hauses zu verbessern. Alles muss so sicher angebracht sein, dass jedes einzelne Teil das Gewicht des Vogelhauses tragen kann. Testen Sie das, indem Sie das Haus an den Dachschindeln hochheben, anschließend an jedem einzelnen Stöckchen, das Sie angebracht haben.

Die beste Art, Moos zu befestigen, ist, es mit allen Teilen einschließlich der Wurzeln zusammen mit einem soliden Dekorationsstück anzubringen. Zuerst legen Sie das Moos auf den Hauptkörper des Hauses, dann platzieren Sie Stöckchen und Zapfen so, dass sie das Moos an Ort und Stelle halten. Dank dieser Technik bekommen die Wurzeln genügend Wasser, und das Moos kann weiterwachsen. Flechten können Sie auf dieselbe Weise befestigen.

Tipp:
Bei Halbhöhlenkästen sollten Sie dekorative Elemente eher sparsam einsetzen. Achten Sie darauf, dass sich die Vögel beim Anflug nicht verletzen können.

Vogelhäuser aufstellen

Es ist sehr wichtig, die Vogelhäuser und Futterstellen an Plätzen aufzuhängen, die den Vögeln ausreichend Unterschlupf und Schutz bieten. Stellen Sie sie niemals auf den Boden, denn hier sind die Vögel den Angriffen von Katzen, Ratten und anderen Fressfeinden ausgesetzt.

Häuser für Singvögel

Wenn Sie das Vogelhaus in einen Baum hängen, sollte es einen Abstand von mindestens 1,80 m vom Boden und 60 cm vom Stamm haben. Katzen, Marder und Waschbären sind auf Nester spezialisiert, die nah am Stamm sitzen. Wickeln Sie den wieder lösbaren Aufhänger (siehe Seite 23) um einen Ast und hängen Sie die Enden der Schlaufen ineinander ein.

Falls Sie einen Haken verwenden, wickeln Sie den Aufhänger ein weiteres Mal um den Haken, das schafft eine sichere Verbindung. Sie können das Vogelhaus auf eine ebene Holzfläche montieren, beispielsweise einen Baumstumpf oder einen Holzpfosten. Bohren Sie sowohl durch den Hausboden als auch durch die Standfläche Löcher vor und befestigen Sie das Vogelhaus mit drei oder vier 75 mm langen Schrauben. Alternativ können Sie auch einen Baumständer anfertigen (siehe Seite 86).

Positionieren Sie Vogelhäuser mindestens 9 m entfernt von einer Futterstelle. Das bietet Elternvögeln einen komfortablen Abstand zu ihren Jungen. Aus demselben Grund sollten Sie das Vogelhaus nicht in die Nähe von Sträuchern hängen, die im Frühjahr oder Sommer Beeren tragen. Wenn Sie einen Flaumspender gebaut haben, hängen Sie ihn 1,80 m über dem Erdboden auf. Vögel sollten sich auf das Sammeln konzentrieren können, ohne dass sie von Katzen aus dem Hinterhalt angefallen werden.

Bringen Sie das Vogelhaus nicht an besonders zugigen Stellen an, an denen der Wind direkt ins Einflugloch weht.

Häuser für Eulen und Spechte

Diese beiden Gruppen bevorzugen Nisthöhlen, die so hoch wie möglich angebracht sind. Im Wald kann das in einem Baum zwischen 3 und 15 m Höhe sein. Eulen lieben es, wenn sie von ihrem Nest aus über eine Wiese oder eine abfallende Landschaft schauen können. Sie können ein Eulenhaus sogar auf der Spitze Ihres Haus-, Garagen- oder Schuppendachs anbringen, oder Sie stellen einen hohen Pfahl (10 cm x 10 cm) in Ihrem Garten auf und befestigen das Eulenhaus darauf mit vier 75 mm langen Schrauben.

Wo es hohe Bäume gibt, können Sie mithilfe einer Ausziehleiter das Haus auf einem Träger anbringen. Oder Sie nutzen einen starken Ast, um es aufzuhängen. Eulen beobachten ein Haus zwei Jahre

lang, bevor sie es für sicher genug halten, um darin zu brüten, doch dann kommen sie jedes Jahr hierher zurück.

Halbhöhlenkasten

Halbhöhlenkästen können den Vögeln als nächtlicher Schlafplatz im Garten dienen, da sie sowohl Schutz als auch Tarnung bieten. Ein Moosbett im Inneren sorgt für Wärme und Behaglichkeit.
Große Halbhöhlenkästen beherbergen beispielsweise Hausrotschwanz, Grauschnäpper und Rotkehlchen. Diese lieben es, einen Baumstamm oder eine Wand im Rücken und einen 180-Grad-Rundumblick zu haben; über dem Halbhöhlenkasten bevorzugen sie dichtes Laubwerk. Plätze unterhalb der Dachrinne können diese Bedingungen gut nachahmen. Ein großer Halbhöhlenkasten in einem Baum könnte auch auf eine Drossel oder eine Ammer anziehend wirken.
Platzieren Sie Halbhöhlenkästen verschiedener Größe unter der Dachrinne und locken Sie Vögel an, zwischen Ihren Blumenampeln zu übernachten. Zu den potenziellen Bewohnern zählen Finken, Spatzen und Rotkehlchen.

Insektenhotel

Wir haben Nester von Mauerbienen in Spalten gesehen, die voll der Sonne und dem Wind ausgesetzt waren, aber auch an schattigen Plätzen im Wald, also hängen Sie Ihr Insektenhotel dort auf, wo Sie die Tiere gut beobachten können: in Ihren Blumenbeeten an Stangen mit Schäferhaken, in Zweige neben Ihren Fenstern, in Obstgärten oder entlang eines Weges. Hummeln lieben es, am frühen Morgen mit Sonnenstrahlen in den Tag zu starten. Sie mögen Wärme und fühlen sich zu Büschen hingezogen, die in der prallen Sonne stehen. Platzieren Sie die Hummelbehausung neben oder in blühenden Sträuchern.

Fledermauskasten

Bringen Sie den Fledermauskasten an einer hohen Stange (10 x 10 cm) an einer Gebäudewand oder an einem Baum in ca. 4,5 bis 6 m Höhe an, sodass er nach Süden ausgerichtet ist. Fledermäuse benötigen tagsüber die Wärme der Sonnenstrahlen, während sie schlafen.
Wenn Sie Fledermäuse auf dem Dachboden oder unter der Außenfassade bemerkt haben, versiegeln Sie diese Plätze im Winter, wenn die Fledermäuse weg sind, und stellen Sie möglichst in der Nähe Fledermauskästen auf, bevor sie im Frühling zurückkehren. Sie werden gern die neue Behausung annehmen. Wenn der Standort nicht ideal für Sie ist, können Sie das Haus vor dem zweiten Frühjahr an einen geeigneteren Platz stellen, und dieselben Fledermäuse werden es wiederfinden.

Im Buch gibt es zwei Fledermauskästen, einen mit einer und einen mit zwei Kammern.

Die richtige Größe

Unsere Vogelhäuschen orientieren sich weniger an wissenschaftlichen Erkenntnissen und gesammelten Daten über Vögel. Stattdessen sind unsere Vogelhäuser exakte Nachbauten von Nisthöhlen, die Vögel in der freien Natur zum Brüten nutzen.

Kleine Singvögel

Durchmesser Holzblock:

12–20 cm

Größe (innen):

7–12 cm im Durchmesser, 10–18 cm hoch

Einflugloch:

29–32 mm Durchmesser

Geeignet für Zaunkönig, Kohlmeise, Blaumeise, Tannenmeise, Kleiber, Sperling und viele andere kleine Singvogelarten. Wir haben beobachtet, dass sogar Arten, die keine viereckigen Nistkästen benutzen, in unsere natürlichen Vogelhäuser kommen!

Große Singvögel

Durchmesser Holzblock:

23–38 cm

Größe (innen):

Weniger als 10 cm im Durchmesser, 18–25 cm hoch

Einflugloch:

38 mm Durchmesser und größer

Stare, Garten- und Hausrotschwanz, kleine und mittlere Spechte, Schwalben und viele andere Singvogelarten bauen ihr Nest in diesen Vogelhäusern.

Eulen und Tumfalken

Durchmesser Holzblock:

38 cm und größer

Größe (innen):

Weniger als 20 cm im Durchmesser, 25–36 cm hoch

Einflugloch:

75 mm Durchmesser und größer

Die Maße dieser Vogelhäuser sind auf viele größere Vogelarten zugeschnitten, darunter kleine Eulen, Turmfalken und große Spechte – vielleicht fühlen sich auch Eichhörnchen davon angezogen.

Reinigung

Bei unseren Singvogelhäusern gibt es keine Öffnung, um den Innenraum zu reinigen, da die Vögel das in der Regel selbst übernehmen, indem sie im Frühling ihre Nester penibel vorbereiten und diese Fähigkeiten dem anderen Geschlecht bei der Balz präsentieren. Trotzdem können unsere Häuser gereinigt werden. Betrachten Sie das Innere mit einem Zahnarztspiegel und einer Taschenlampe; wenn eine Reinigung nötig ist, drehen Sie das Haus um und schlagen kurz dagegen. Kratzen Sie das Wasserabflussloch mit einem Draht sauber, anschließend führen Sie den Draht durch das Einflugloch, hängen das alte Nest ein und ziehen es heraus. Alternativ können Sie das Nest auch mithilfe eines Staubsaugers heraussaugen. Sie können sogar das Vogelhaus mit Wasser ausspülen und dann einen Nass-Trockensauger verwenden.

Wenn Sie sich entschlossen haben, beim Bau doch eine Reinigungsöffnung anzubringen, finden Sie in diesem Buch vier unterschiedliche Möglichkeiten, die sich problemlos auf Singvogelhäuser übertragen lassen, und zwar die Projekte 9, 13, 21 und 22 (siehe Seite 66, 80, 108 und 112).

Ein Türchen auf der Rückseite des Eulenhauses (Projekt 13, Seite 80) ermöglicht es, den Innenraum zu reinigen.

Fledermäuse

Durchmesser Holzblock:

38 cm, in zwei Hälften geteilt, oder Treibholz ähnlicher Größe

Unser Design basiert auf einem Stück Totholz, das im Inneren hohl ist und sich leicht zu einer Seite hin neigt – die perfekte Behausung für Fledermäuse. In der Natur bilden sich Risse in der Holzmaserung; ein etwa 18 mm breiter Riss, der vertikal in einem leichten Winkel verläuft, ist ideal. Unser Fledermauskasten beherbergt verschiedene Arten dieser wählerischen Jäger der Nacht.

Bestäuber

Durchmesser Holzblock:

7–12 cm

Kammergröße (Bohrloch):

5–9 mm Durchmesser

Diese Behausungen sind für alle Arten bestäubender Insekten geeignet. Durch Löcher im Geäst von Totholz, die von Käfern, Holzbienen oder Spechten hinterlassen wurden, weisen die Insektenhotels Kammern verschiedener Größe für Mauerbienen auf. Aber auch Marienkäfer, einige Schmetterlinge und andere Insekten finden hier Unterschlupf. Sogar Nachtfalter nisten sich hier ein, um sich zu verpuppen.

Hummeln

Durchmesser Holzblock:

10–12 cm

Größe (innen):

7,5 cm im Durchmesser, 10 cm hoch

Eingangsloch:

18 mm Durchmesser

Hummeln schwirren um Vogelhäuser auf der Suche nach einem warmen trockenen Platz, wie ihn eine Höhle im natürlichen Totholz bietet. Vogelhäuschen, die in der Sonne hängen, sind bei Hummeln besonders beliebt. Wir haben diese Insektenhotels entworfen, damit die wertvollen Tiere nicht mit anderen in Konkurrenz treten müssen.

Projekte

Vogelhaus mit Flachdach

Das ist das erste Vogelhaus für Wildvögel, das wir entworfen haben - der exakte Nachbau des Nests eines Zwergkleibers, der in Höhlen abgestorbener Bäume brütet. Ein Vogelhaus mit Flachdach ist die einfachste Variante, die man aus einem Holzblock herstellen kann; deshalb ist es genau richtig für den Anfang, um sich an die Arbeit mit Holz zu gewöhnen.

Schnittführung

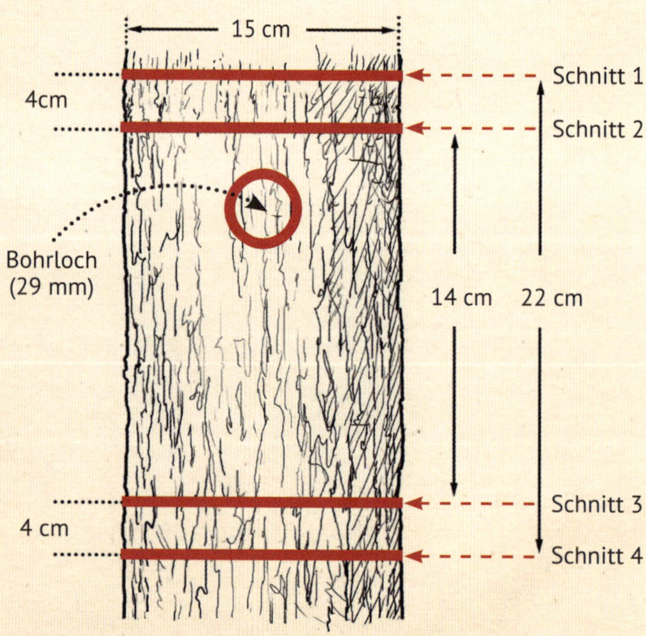

Zeichenerklärung

Schnittlinien

Bauteile

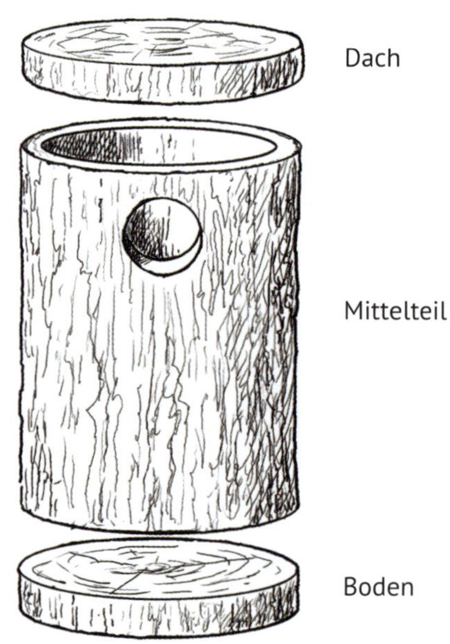

Das Holzstück zuschneiden

1. Sie benötigen ein Stück Totholz mit einem Durchmesser von 12,5–15 cm und einer Länge von 30–46 cm. Die Oberfläche abbürsten, den Holzklotz auf waagrechten trockenen Untergrund legen und die Schnittführung markieren (siehe Seite 32).

2. Mit einem 29-mm-Bohrer ein Einflugloch in den Mittelteil bohren. Es sollte 5 cm unter der Oberkante des Holzklotzes liegen und 4 cm tief sein.

3. Mit der Stichsäge und einem 230-mm-Sägeblatt die Schnitte 1 bis 4 in der Reihenfolge ausführen und den Holzblock in drei Teile schneiden: Dach, Mittelteil und Boden.

Für welche Vögel?

Die Größe des Einfluglochs passt für alle sehr kleinen Singvögel wie beispielsweise den Zaunkönig.

Tipp: Schauen Sie immer von oben senkrecht auf das Holzstück, wenn Sie die Markierungen auftragen; das erleichtert es, gerade Linien zu ziehen. Achten Sie darauf, dass die Linien dick und gut erkennbar sind.

4. Den Mittelteil sicher festklemmen. Bohren Sie nun (von oben beginnend) im Uhrzeigersinn sechs Löcher in die Schnittfläche des Holzblocks. Benutzen Sie dafür einen 12 mm starken und 18 mm langen Bohrer. Die Bohrlöcher sollten auf einem Kreis liegen und ca. 2,5 cm vom Rand des Holzblocks entfernt sein. Mit der Stichsäge und einem 230-mm-Sägeblatt die Bohrlöcher verbinden, bis das Mittelstück lose ist und herausgenommen werden kann.

---

5. Anschließend mit einem 12-mm-Meißel und einem rückschlagfreien Hammer eine runde Höhlung herausschlagen und dabei der Form des Holzklotzes folgen. Außen bleibt ein ca. 2,5 cm breiter Holzring.

Das Innere so weit herausmeißeln, dass ein ca. 2,5 cm breiter Holzring übrig bleibt.

Die Teile verbinden

6. Die drei Teile abbürsten. Mit einem kleinen Pinsel eine gleichmäßige Schicht Leim auf die Oberseite des Bodens und die Unterseite des Mittelteils auftragen. Beide Holzstücke so fest zusammendrücken, bis keine Naht mehr zu sehen ist. Es kann sein, dass dabei etwas Leim herausquillt.

7. Nageln Sie die beiden Teile mit 50 mm langen Stauchkopfnägeln in einem Überkreuzmuster (siehe Seite 21) zusammen. Ungefähr 8 Nägel rund um den Holzblock sollten genügen. Geben Sie zwei Handvoll Sägemehl oder Holzspäne in die Höhle.

8. Gleichmäßig Leim auf das Hirnholz an der Oberkante des Mittelteils und auf die Innenseite des Dachs auftragen. Die beiden Teile fest zusammendrücken und mit 50 mm langen Stauchkopfnägeln im Überkreuzmuster zusammennageln.

9. Den ausgetretenen Leim abwischen und rasch Sägemehl in alle Fugen über den gesamten Holzblock reiben. Dadurch lassen sich Lücken ausfüllen.

Tipp: Wenn Sie nach dem Verleimen Sägemehl in die Nahtstellen reiben, werden mögliche Lücken ausgefüllt – und das Ganze sieht professioneller aus.

Fertigstellung

10. Bohren Sie mit einem 15 cm langen 5-mm-Bohrer ein Loch auf jeder Seite über die gesamte Länge des Holzklotzes. Durch diese Löcher wird der Draht für die Aufhängung gezogen. Die Löcher sollten außerhalb der Nisthöhle platziert werden. Mit demselben Bohrer machen Sie in der Mitte des Bodens ein Abflussloch, das bis in die Höhle reicht.

11. Schneiden Sie 180 cm PVC-beschichteten Bindedraht zu, den Sie doppelt nehmen und auf ganzer Länge verdrillen. Dann stecken Sie die Enden durch die Löcher aus Schritt 10 und formen an der Spitze eine wieder lösbare Schlaufe (siehe Seite 23). Auf den Boden und das Dach Leim auftragen, sodass das Hirnholz vollständig getränkt ist. Das Vogelhaus über Nacht aufhängen, damit der Leim gut trocknen kann.

12. Als Dekoration können Sie Moos, Zapfen, Rinde und Stöckchen verwenden. Achten Sie darauf, dass die Befestigungsnägel nicht in die Bruthöhle reichen. Nutzen Sie, wo immer möglich, das Dach und den Boden als Befestigungspunkt.

Lassen Sie das Vogelhaus über Nacht hängen, damit der Leim vollständig aushärten kann, bevor Sie Dekomaterialien anbringen.

Berghütte

Unsere Vogelhäuser im alpinen Design sind äußerst beliebt. Sie sehen natürlich aus, sind einfach herzustellen und bilden den perfekten nächsten Schritt nach dem Vogelhaus mit Flachdach (siehe Seite 32), um das Arbeiten mit Rundholz zu lernen. Das Vogelhaus ähnelt zwar immer noch einem Holzklotz, aber durch das alpine Spitzdach bekommt es einen traditionellen Look. Nehmen Sie dafür ein weiches Holz, dann gelingt die „Berghütte" umso leichter.

Schnittführung

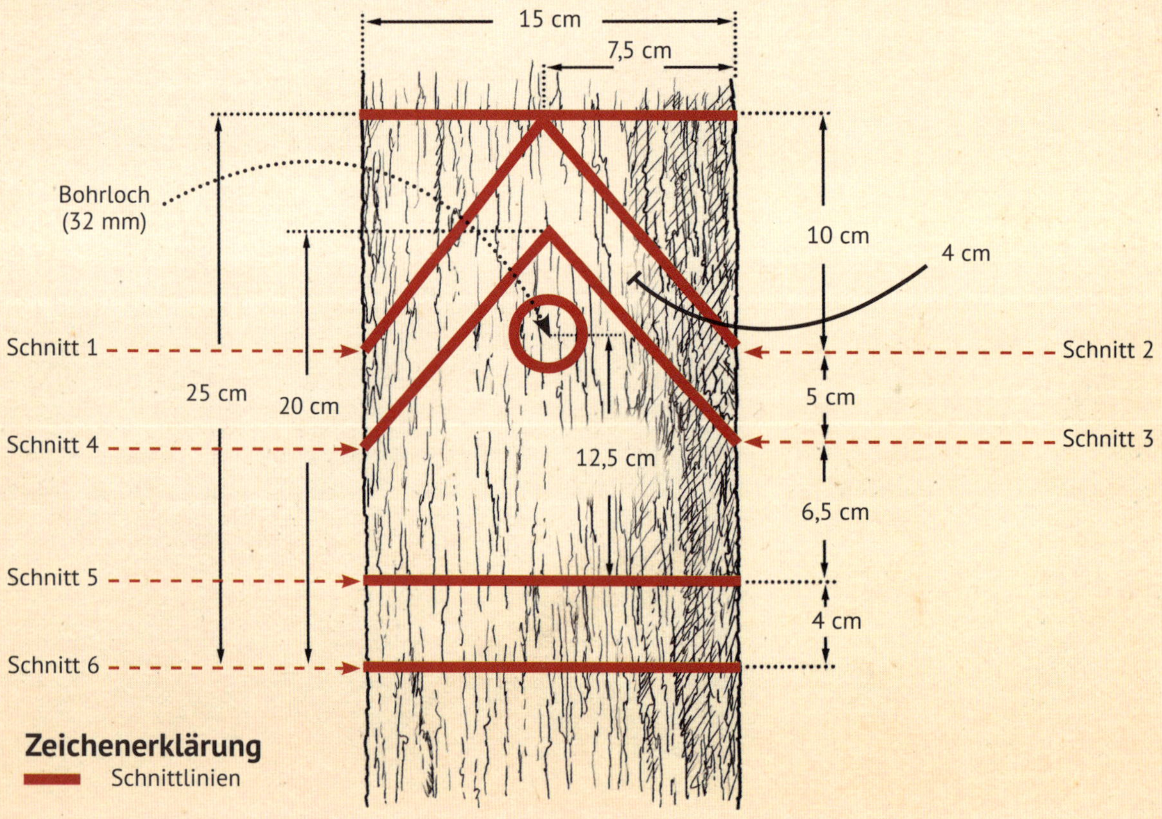

Zeichenerklärung

Schnittlinien

Das Holzstück zuschneiden

1. Sie benötigen ein Stück Totholz mit einem Durchmesser von 15 cm, das Sie entsprechend der Schnittführung (links) in drei Sektionen aufteilen: Dach, Mittelteil und Boden.

2. Mit einer Stichsäge und einem 230-mm-Sägeblatt die Schnitte 1 und 2 ausführen, um die Spitze des Dachs festzulegen. Entlang der Innenseite des Dachs schneiden (Schnitt 3 und 4), das Dach abheben und die Spitze mit einem Richtungspfeil kennzeichnen. Die Spitze des Pfeils sollte in die Richtung weisen, in der das Einflugloch auf der Vorderseite des Mittelteils liegt.

3. Das verbleibende Holzstück besteht aus dem Mittelteil, aus dem die Nisthöhle wird, und einem weiteren Abschnitt, der den Boden bildet. Jetzt die Schnitte 5 und 6 ausführen.

Teile des Hauses

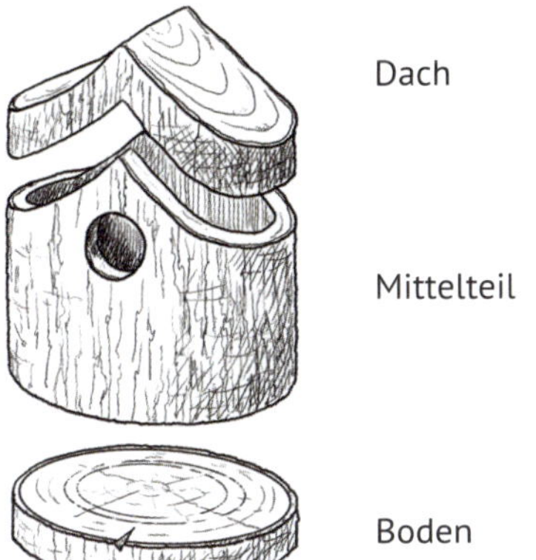

Markieren Sie beim Schneiden die Vorderseite jedes Teils mit einem Pfeil; so können Sie sich beim Zusammenbau schnell orientieren.

Tipp: Versuchen Sie, möglichst jeden Schnitt ohne nachzubessern auszuführen. Dadurch passen alle Teile genau aufeinander, wenn sie wieder zusammengesetzt werden.

4. Mit einem 32-mm-Flachfräsbohrer ein Einflugloch in das Mittelstück bohren, anschließend können Sie das Mittelstück aushöhlen. Dazu nehmen Sie einen Bohrer mit einem 38 mm langen Bohraufsatz und bohren ein Loch durch das komplette Zentrum des Holzklotzes, sodass ein Tunnel entsteht.

---

5. Den Holzklotz aufrecht hinstellen. Mit einem rückschlagfreien Hammer und einem 12-mm-Meißel das Holz im Zentrum bearbeiten. Dabei Holzspäne in Richtung Zentrum herausmeißeln und entfernen, bis nur noch ein ca. 2,5 cm breiter äußerer Holzring stehen bleibt.

Für welche Vögel?

Das 32 mm große Einflugloch passt perfekt für Trauerschnäpper, Kleiber und kleine Spechte.

Die Teile verbinden

6. Die drei Teile abbürsten. Mit einem kleinen Pinsel eine gleichmäßige Schicht Leim auf die Oberseite des Bodens und die Unterseite des Mittelteils auftragen. Beide Holzstücke fest aufeinanderdrücken, bis sich der Spalt schließt. Es sollte an dieser Stelle noch etwas Leim herausquellen.

7. Nageln Sie die beiden Teile mit 50 mm langen Stauchkopfnägeln in einem Überkreuzmuster (siehe Seite 21) zusammen. Ungefähr 8 Nägel regelmäßig rund um den Holzblock sollten genügen. Geben Sie zwei Handvoll Sägemehl oder Holzspäne in die Höhle.

8. Gleichmäßig Leim auf das Hirnholz an der Spitze des Mittelteils und auf die Innenseite des Dachs auftragen. Die beiden Teile fest zusammendrücken und mit 50 mm langen Stauchkopfnägeln im Überkreuzmuster zusammennageln.

9. Den ausgetretenen Leim abwischen und rasch Sägemehl in alle Fugen über den gesamten Holzblock reiben.

Klemmen Sie etwas Moos in die Spalten, bevor Sie leimen und nageln, um mögliche Lücken zu verbergen.

Fertigstellung

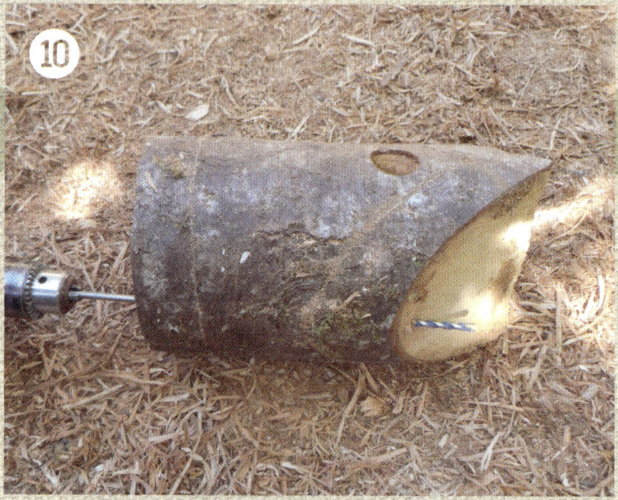

10. Bohren Sie mit einem 15 cm langen 5-mm-Bohrer auf jeder Seite des Holzklotzes ein Loch über die gesamte Höhe. Durch diese Löcher wird der Draht für die Aufhängung gezogen. Sie sollten nicht bis zur Nisthöhle im Inneren gehen. Mit demselben Bohrer machen Sie in der Mitte des Bodens ein Abflussloch für das Vogelhaus.

11. Schneiden Sie 180 cm PVC-beschichteten Bindedraht zu, den Sie doppelt nehmen und auf ganzer Länge verdrillen. Dann stecken Sie die Enden durch die Löcher aus Schritt 10 und formen an der Spitze eine wieder lösbare Schlaufe (siehe Seite 23). Auf den Boden und das Dach Leim auftragen, sodass das Hirnholz vollständig getränkt ist. Das Vogelhaus über Nacht aufhängen, damit der Leim gut trocknen kann.

12. Dekorieren Sie nach Ihrem Geschmack. Gestalten Sie das Dach, indem Sie Rindenstücke vertikal über das unbehandelte Holz anordnen. Fügen Sie einige Stöckchen als Dekoration, Sitzstangen und Tarnung hinzu. Achten Sie darauf, dass die Befestigungsnägel nicht zu lang sind und in die Bruthöhle reichen. Nutzen Sie, wo immer möglich, das Dach und den Boden als Befestigungspunkt für die Dekoration.

Tipp: Indem Sie mit Zapfen und Moos dekorieren, fügen Sie Elemente hinzu, die für die Vögel nützlich sind.

Alpine Landschaft

Dieses Projekt besteht aus einem Vogelhaus im alpinen Stil, eingebettet in eine wunderschöne Landschaft, in der Stöckchen für Bäume, Zapfen für Büsche und Moose für Blumen stehen. Dieser zauberhafte Garten bietet eine Fläche, auf der flügge werdende Jungvögel landen können, wenn sie bei ihrem ersten Ausflug ins Taumeln geraten.

Schnittführung

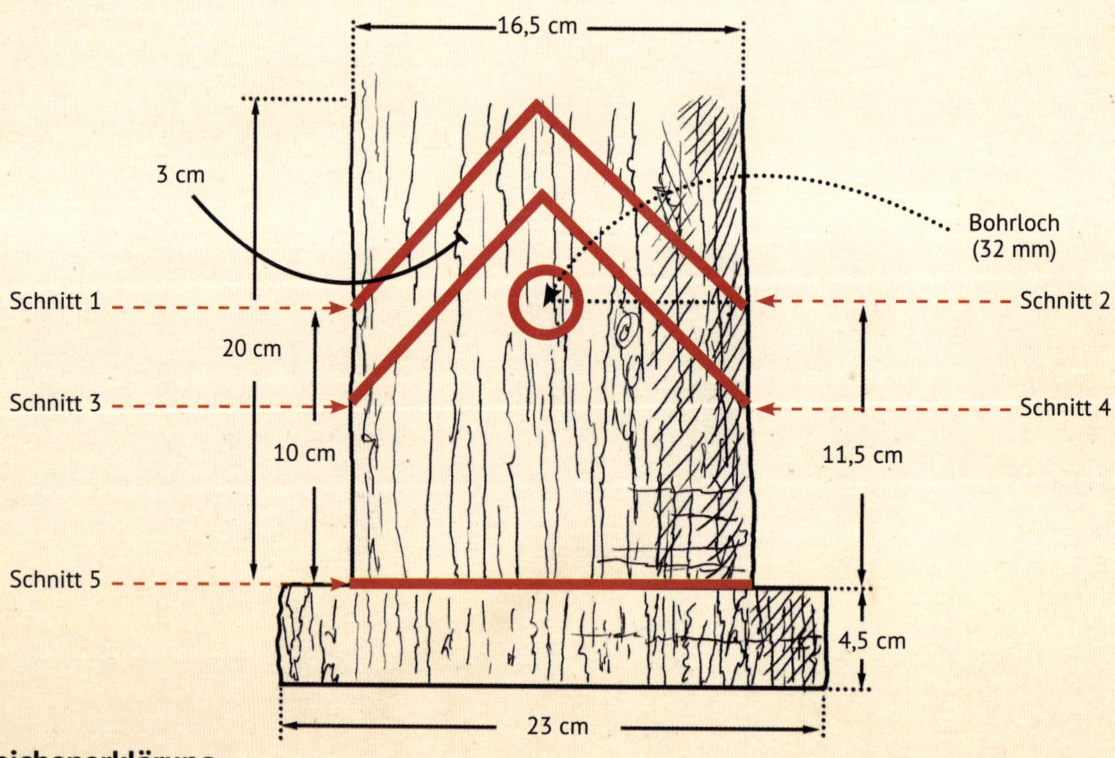

Zeichenerklärung

Schnittlinien

Das Vogelhaus fertigstellen

1. Sie benötigen zwei Holzstücke für das Haus: eins von 16,5 cm Durchmesser und 30 cm Länge und ein weiteres von 23,5 cm Durchmesser und 4,5 cm Länge. Markieren Sie den ersten Holzblock entsprechend der Schnittführung.

2. Mit der Stichsäge und einem 230-mm-Sägeblatt die Schnitte 1 bis 5 ausführen. Mit einem 32-mm-Bohrer ein Einflugloch bohren, etwa 5 cm tief. Wenn das Holz relativ weich ist, den Mittelteil aushöhlen, wie bei Projekt 2 beschrieben (siehe Seite 40). Ist das Holz dagegen hart, halten Sie sich an die Anweisungen aus Projekt 1 (siehe Seite 34).

3. Die Bodenplatte (Durchmesser 23 cm) abbürsten und auf die gesamte Oberfläche Leim auftragen. Anschließend den Boden des Mittelstücks mit Leim bedecken und die beiden Teile mit 50 mm langen Stauchkopfnägeln in einem Überkreuzmuster (siehe Seite 21) zusammennageln. Eine Handvoll Sägemehl oder Sägespäne in die Bruthöhle geben, zuletzt Leim auf das Dach auftragen und es mit Nägeln passend befestigen.

4. Machen Sie mit einem 6-mm-Bohrer ein Loch auf jeder Seite der Bodenplatte. Die Löcher müssen mit den Seitenkanten des Vogelhauses übereinstimmen, sodass der Aufhängedraht daran entlang nach oben laufen kann. Mit demselben Bohrer machen Sie in der Mitte des Bodens ein Abflussloch für das Vogelhaus; es muss bis in die Bruthöhle reichen.

5. Einen Aufhängedraht durch die seitlichen Löcher ziehen, nach oben führen und an der Spitze eine wieder lösbare Schlaufe formen (siehe Seite 23). Auf den Boden und das Dach Leim auftragen. Das Vogelhaus über Nacht aufhängen, damit der Leim gut trocknen kann. Fügen Sie als Dekoration rundherum Moos hinzu, um eine Wiese zu bilden. Zapfen und Rindenstücke dienen als Büsche und Stöckchen als Bäume. Befestigen Sie Stöckchen an den äußeren Rändern der Bodenplatte und am Mittelteil des Vogelhauses, das schafft räumliche Tiefe.

Teile des Hauses

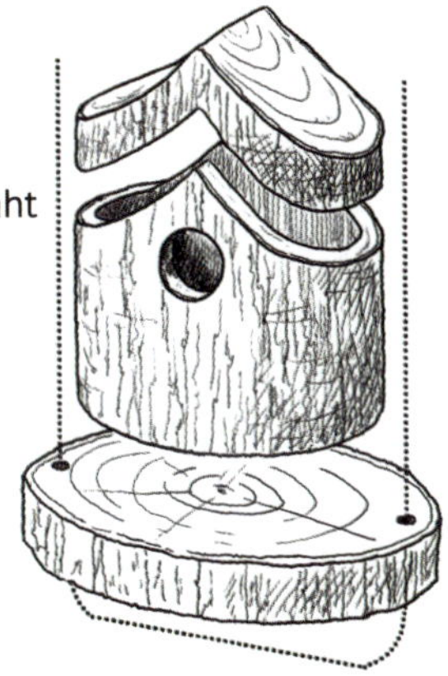

Alpen-Chalet

Für dieses Projekt wird der Holzblock so geschnitten, dass die gesamte Front des Vogelhauses freigelegt und anschließend abgeschliffen und mit einer schützenden Wachsschicht überzogen wird. Außerdem entsteht dabei eine Rasenfläche auf der Vorderseite, die Sie fantasievoll gestalten können.

Teile des Hauses

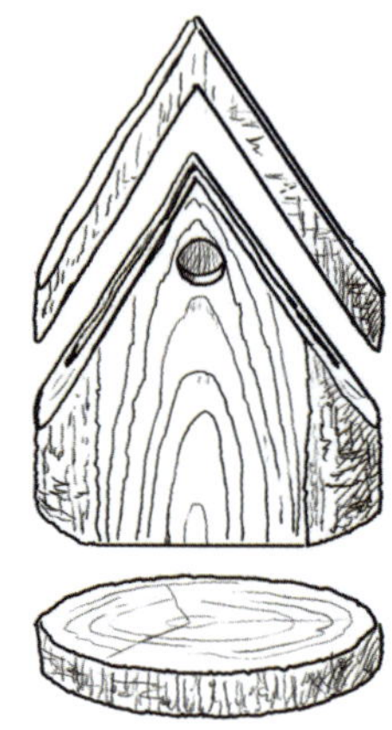

Schnittführung Vorderseite

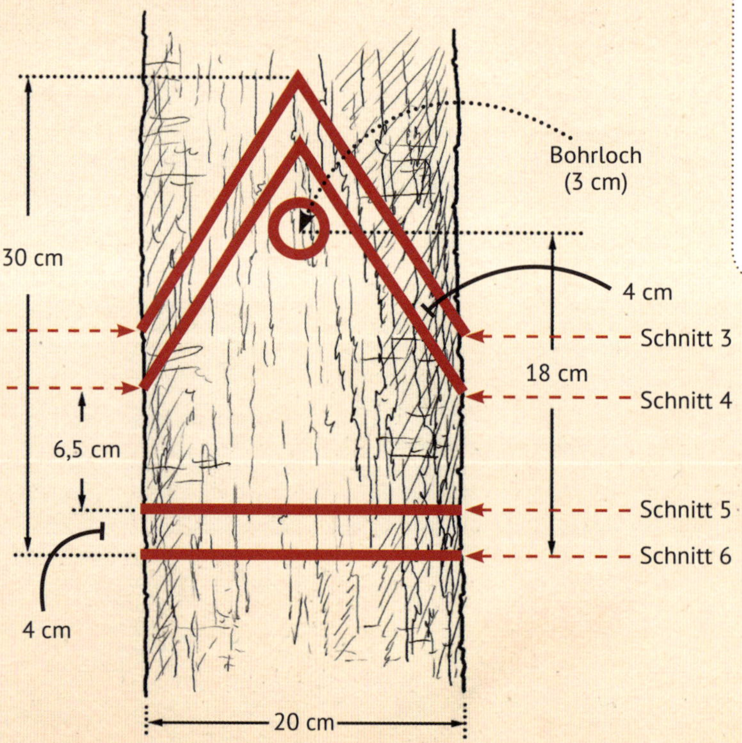

Schnittführung seitlich

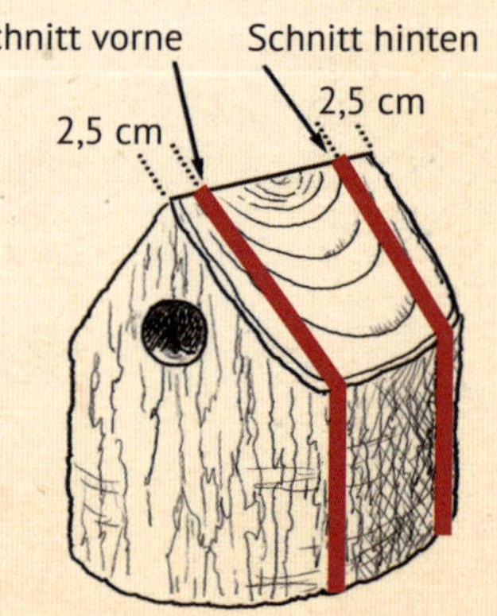

Zeichenerklärung

Schnittlinien

Das Holzstück zuschneiden

1. Sie benötigen ein Stück Totholz mit einem Durchmesser von 20 cm und einer Mindestlänge von 38 cm. Folgen Sie der Schnittführung für die Vorderseite, markieren Sie die Schnittlinien und führen Sie Schritt 1 bis 6 aus, so erhalten Sie Dach, Mittelteil und Boden des Vogelhauses.

2. Nach der seitlichen Schnittführung die beiden Schnitte an der Spitze des Mittelteils markieren, ca. 2,5 cm vom Rand des Holzstücks entfernt. Mit einem 32-mm-Bohrer das ca. 5 cm tiefe Einflugloch bohren. Mit der Stichsäge und einem 230-mm-Sägeblatt entlang der beiden Markierungslinien schneiden, um „vorderes" und „hinteres" Teil zu entfernen. Vorderteil entsorgen, hinteres Teil aufheben.

3. Mit der Stichsäge einen Einschnitt in das Hirnholz sägen. Er dient dazu, das Holzstück festzuschnallen, und sollte ca. 2,5 cm von der Vorderseite entfernt liegen.

4. Zum Aushöhlen des Mittelteils eine Reihe von Linien auf der oben liegenden Seite (Rückseite) einzeichnen, ca. 1,2 cm voneinander entfernt. Entlang der Linien ins Holz schneiden; die Spalten sollten über die gesamte Länge des Mittelteils gehen und erst kurz vor dem Festschnallriemen enden (den Riemen nicht durchschneiden).

5. Das Holzstück aufrecht hinstellen. Mit einem 12-mm-Meißel die Stücke einzeln entfernen, sodass eine grobe Höhlung entsteht, der die Rückseite fehlt. Das restliche Holz vorsichtig abmeißeln, bis eine rundliche Nisthöhle mit ca. 2,5 cm dickem Rand entsteht.

Das Holzstück mit der Vorderseite nach unten und der Rückseite nach oben festschnallen.

Die Teile verbinden/Fertigstellung

6. Eine gleichmäßige Schicht Leim auf die Rückseite auftragen, die Sie in Schritt 2 beiseitegelegt haben, ebenso auf den Rand des Mittelstücks, wo die beiden Teile aufeinandertreffen. Fest zusammendrücken, bis Leim austritt, und dann die beiden Teile mit 50 mm langen Stauchkopfnägeln in einem Überkreuzmuster (siehe Seite 21) zusammennageln – vier Nägel auf jeder Seite.

7. Die Vorderseite des Vogelhauses mit Schleifpapier (Körnung 100) so bearbeiten, dass das Hirnholz gut sichtbar wird. Gut abwischen. Eine Mischung aus Bienenwachs und Tungöl auftragen, um das Holz zu versiegeln und zu verhindern, dass es splittert (siehe Seite 22). Dadurch kommt die natürliche Schönheit des Holzes zum Tragen.

Verwenden Sie Naturmaterialien, um das Vogelhaus zu versiegeln; dadurch vermeiden Sie mögliche Giftstoffe, die den Jungvögeln schaden könnten.

8. Die drei Teile des Vogelhauses zusammenleimen und -nageln (siehe Projekt 2, Seite 41). Mit einem 6-mm-Bohrer ein durchgängiges, senkrechtes Loch auf jeder Seite des Holzklotzes sowie ein Abflussloch in der Mitte des Bodens anbringen. Verdrillen Sie PVC-beschichteten Bindedraht, stecken Sie die Enden durch die Löcher an den Seiten und formen Sie an der Spitze eine wieder lösbare Schlaufe (siehe Seite 23). Das Vogelhaus über Nacht aufhängen, damit der Leim gut trocknen kann.

9. Fügen Sie Dachschindeln an und kreieren Sie eine Landschaft nach Ihrem Geschmack.

Luxus-Almhütte

Diese Variation des Alpen-Chalets (siehe Seite 46) eignet sich für Kleiber und Trauerschnäpper. Auf der Rückseite behält das Vogelhaus das natürliche Aussehen des zugrunde liegenden Holzklotzes bei, ansonsten wirkt es rundherum sehr elegant.

Schnittführung Vorderseite

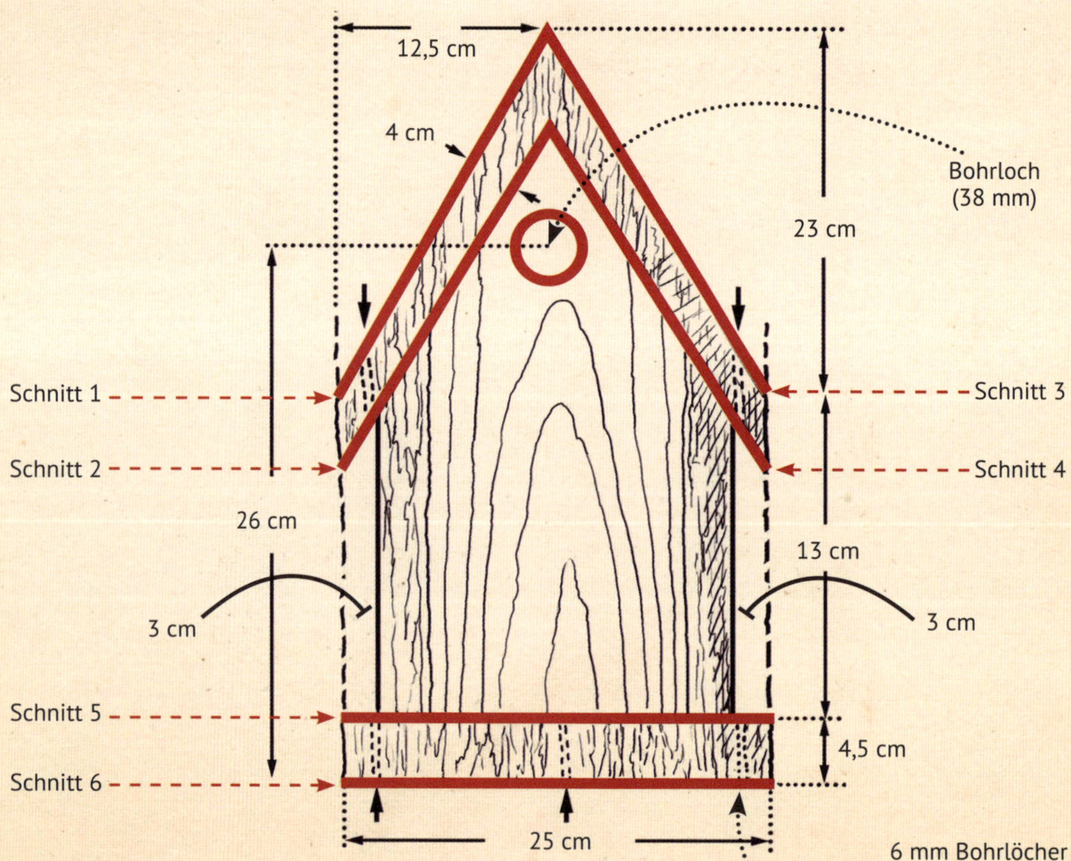

Zeichenerklärung

Schnittlinien

Das Vogelhaus fertigstellen

1. Sie benötigen ein Holzstück mit 25 cm Durchmesser und 51 cm Länge. Markieren Sie es entsprechend der Schnittführung für die Vorderseite, dann schneiden Sie Dach, Mittelteil und Bodenteile zu. Mit einem 38-mm-Bohrer ein Einflugloch bohren, etwa 7,5 cm tief.

2. Das Mittelstück aufrecht hinstellen und festzurren. Die Schnitte 7 bis 9 ausführen, wie in der Schnittführung von oben beschrieben, und diese Abschnitte entsorgen.

3. Das Mittelstück nach einer der in den Projekten 1, 2 und 4 (siehe Seite 34, 40 und 47) angegebenen Methoden aushöhlen. Jede Seite nach Ihren Vorstellungen abschleifen. Anschließend wachsen und polieren, um das Holz zu schützen (siehe Seite 22).

4. Die Montage beginnen, indem Sie auf Boden und Mittelteil Leim auftragen und beide Teile mit 50 mm langen Stauchkopfnägeln in einem Überkreuzmuster (siehe Seite 21) zusammennageln. Zwei Handvoll Sägespäne in die Bruthöhle geben. Gründlich Leim auf das Innere des Dachs und die Spitze des ausgehöhlten Vogelhauses auftragen und die beiden Teile mit 50 mm langen Stauchkopfnägeln verbinden.

5. Mit einem 6-mm-Bohrer auf jeder Seite des Hauses durchgängige Löcher für den Aufhängedraht bohren: zuerst am äußeren Rand des überstehenden Bodens, dann durch das Dach. Mit demselben Bohrer machen Sie in der Mitte des Bodens ein Abflussloch für das Vogelhaus. Einen Aufhängedraht durch die seitlichen Löcher nach oben ziehen und an der Spitze eine wieder lösbare Schlaufe formen (siehe Seite 23). Auf den Boden und das Dach Leim auftragen. Das Vogelhaus über Nacht aufhängen, damit der Leim gut trocknen kann, anschließend dekorieren.

Schnittführung von oben

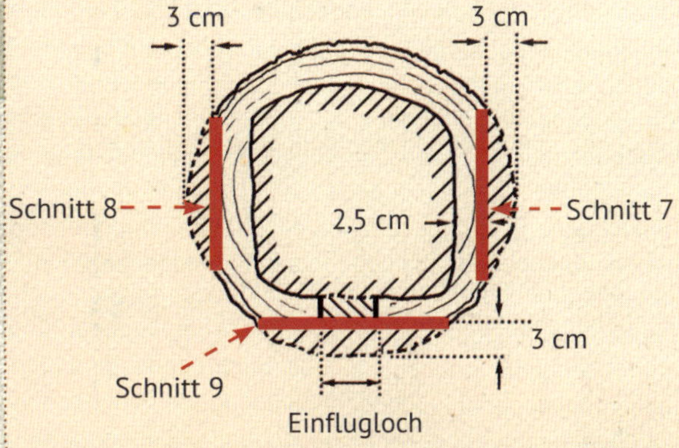

Leichtes Schleifen sorgt für einen rustikalen, sehr feines Schleifen für einen extravaganten Look.

Mehrfamilienhaus

Dieses spaßige Projekt besteht aus zwei getrennten Vogelhäusern im selben Holzblock. Das „Mehrfamilienhaus" können Sie wunderbar auf einem einfachen Vogelhausständer (siehe Seite 86) präsentieren.

Variante:
Sie können die hier erklärte Basistechnik auch für ein Design verwenden, das stärker an einen Baumstamm erinnert (siehe auch Seite 57).

Teile des Hauses

Schnittführung von oben

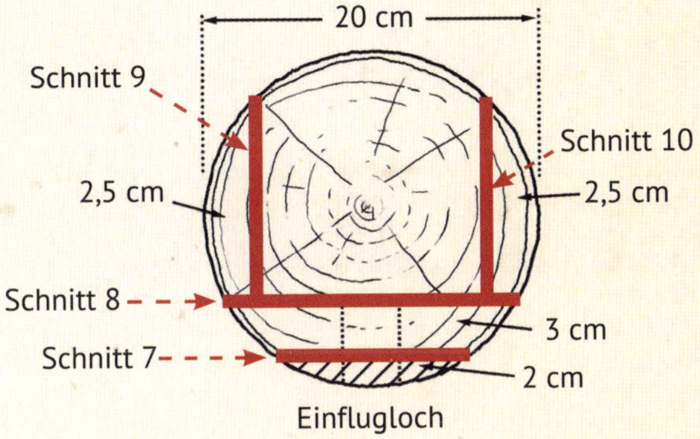

Schnittführung Vorderseite

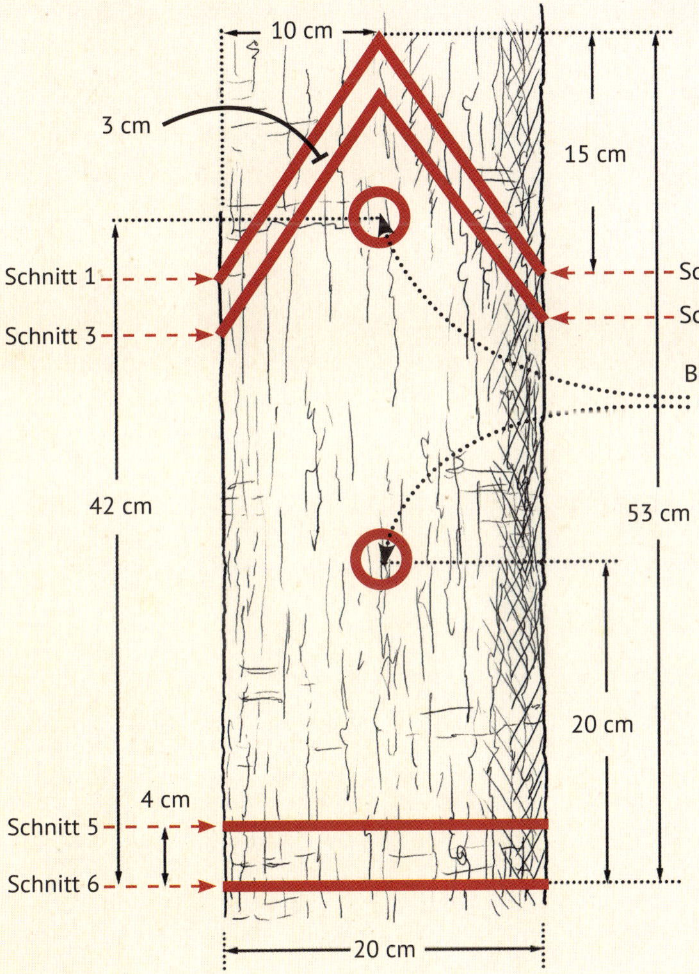

Schnittführung seitlich

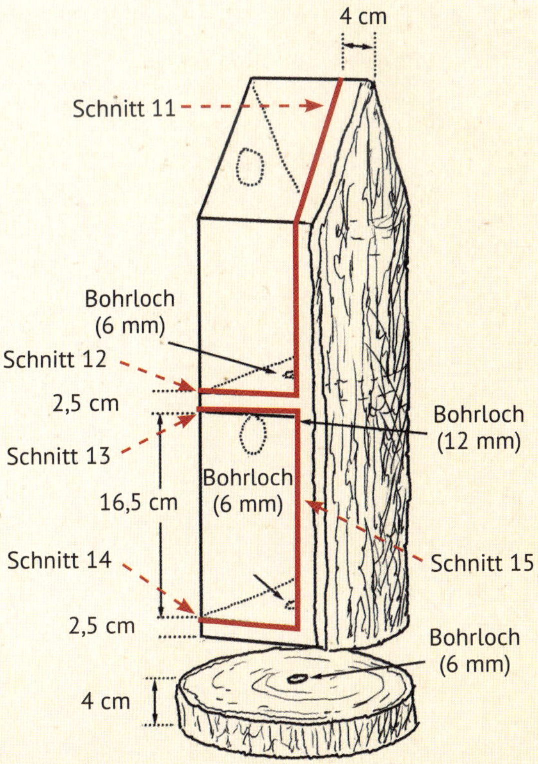

Zeichenerklärung

Schnittlinien

Das Holzstück zuschneiden

1. Sie benötigen ein Stück Totholz mit einem Durchmesser von 20 cm und einer Länge von 61 cm. Markieren Sie die Anfangsschnittlinien und zwei Einfluglöcher, wie in der Schnittführung für die Vorderseite beschrieben. Schritt 1 bis 6 ausführen, so erhalten Sie Dach, Mittelteil und Boden des Vogelhauses.

2. Mit einem 32-mm-Bohrer die beiden Einfluglöcher ca. 5 cm tief in das Mittelteil bohren.

3. Das Mittelteil aufrecht hinstellen und die Spitze nach der Schnittführung von oben markieren. Schnitte 7 bis 10 ausführen. Auf diese Weise erhalten Sie ein Mittelteil, das auf drei Seiten rechteckig und auf der Rückseite rund ist.

4. Das Mittelteil auf die Seite legen. Nach der Schnittführung seitlich die Schnittlinien 11 bis 15 markieren. Mit einem 12-mm-Bohrer am Kreuzungspunkt der Schnittlinien 13 und 15 ein Loch durch das gesamte Mittelteil bohren.

5. Das Mittelteil festschnallen und die Schnitte 11 bis 14 ausführen. Bei Schnitt 15 führen Sie das Sägeblatt in das Bohrloch ein und schneiden nach unten. Entfernen Sie die beiden Mittelstücke, die Sie gerade ausgeschnitten haben, und fertigen Sie daraus Dachschindeln an.

Für die Montage ist es sehr wichtig, dass die Schnitte genau in der angegebenen Reihenfolge ausgeführt werden.

Die Teile verbinden

6. Beginnen Sie mit dem Zusammenbau. Den Boden des Mittelteils mit der Spitze des Bodenstücks verleimen und im Überkreuzmuster (siehe Seite 21) zusammennageln. 4 Stauchkopfnägel (50 mm lang) sollten vorläufig genügen.

7. Mit einem 6-mm-Bohrer zwei Abflusslöcher nach der Schnittführung seitlich anbringen. Ein Loch sollte durch die Mitte des Bodenteils und die Basis des Mittelteils gehen. Das andere Loch sollte durch die Mitte des „Einlegebodens" gehen, das den Boden der oberen Bruthöhle des Vogelhauses bildet.

8. Die Frontseite des Vogelhauses nach Ihren Vorstellungen abschleifen und mit einer Mischung aus Wachs und Tungöl einreiben (siehe Seite 22). Als Nächstes linke und rechte Seite wieder anleimen und mit Nägeln im Überkreuzmuster befestigen. Zuletzt die Vorderseite auf dieselbe Weise anbringen.

9. Das Dach des Vogelhauses wie die anderen Teile anleimen und annageln. Sägemehl in alle Fugen des gesamten Hauses reiben.

Reiben Sie Sägemehl in die Fugen, um die Lücken auszufüllen; das ergibt ein gleichmäßiges, professionelles Aussehen.

Für welche Vögel geeignet?

Soziale Singvögel wie verschiedene Meisenarten nehmen gern diese Nisthöhle an; auch in der freien Natur kann man tote Bäume sehen, in denen mehrere Vögel nisten.

Fertigstellung

10. Machen Sie mit einem 20 cm langen 5-mm-Bohrer ein Loch auf jeder Seite des Bodenstücks für den Aufhängedraht. Beginnen Sie damit ca. 2,5 cm vom Rand des Holzklotzes entfernt, und zwar in einem Winkel nach oben außen.

11. Die Enden von PVC-beschichtetem Bindedraht durch die Löcher stecken und den Draht um das gesamte Vogelhaus führen, wobei Sie an der Spitze eine wieder lösbare Schlaufe (siehe Seite 23) formen.

12. Auf den Boden und das Dach Leim auftragen, sodass das Hirnholz vollständig getränkt ist. Das Vogelhaus über Nacht zum Trocknen aufhängen.

13. Geben Sie etwas Sägemehl und Sägespäne in jede der beiden Nisthöhlen. Dekorieren Sie nach Belieben und machen Sie die Teile mit 50 mm langen Stauchkopfnägeln fest. Kreieren Sie Ihr ganz persönliches Vogelhaus oder lassen Sie sich von den Vorschlägen hier inspirieren.

10

11

12

Das Vogelhaus ist für viele Vogelarten geeignet, beispielsweise für den Gartenrotschwanz.

Vogelhaus Rocky Docky

Dieses Vogelhaus wirkt vor jedem beliebigen Hintergrund sehr effektvoll. Wenn das Holz verwittert ist und eine silberne Patina zeigt, bildet es einen wunderschönen Kontrast zur Begrünung in Ihrem Garten oder zum blauen Himmel über Ihrem Balkon. Halten Sie beim Sammeln von Totholz Ausschau nach interessanten Formen, hervorstehenden Zweigen und Astlöchern.

Schnittführung

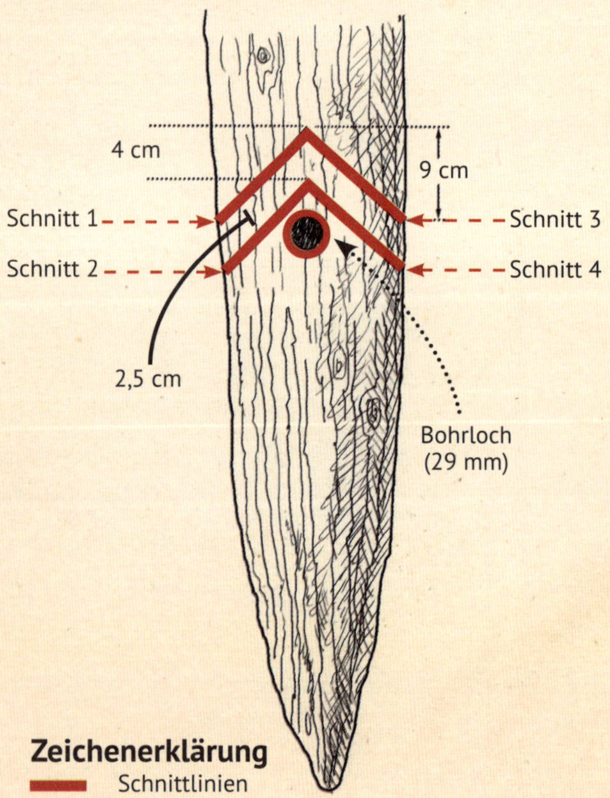

Zeichenerklärung

Schnittlinien

Nisthöhle

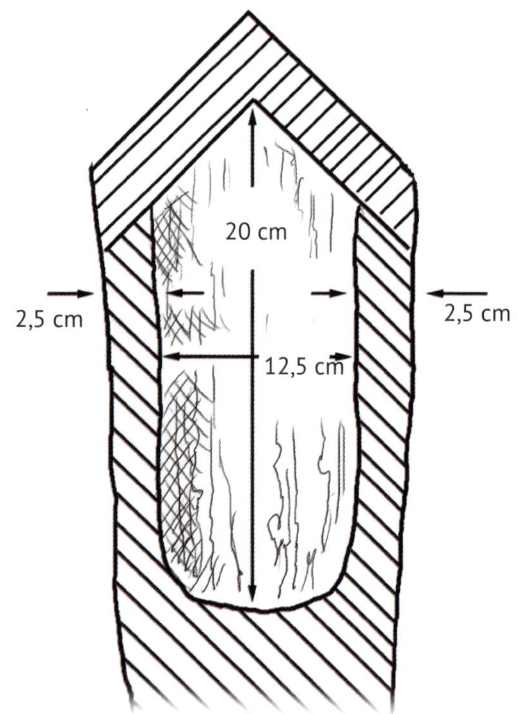

Das Holzstück zuschneiden

1. Sie benötigen ein Stück Totholz mit einem Durchmesser von wenigstens 18 cm an einem Ende und mit einer Mindestlänge von 40 cm, bevor es spitz zuläuft. Schnallen Sie es fest oder klemmen Sie es an einem Punkt ein, bevor die natürliche Spitze beginnt. Dies verhindert, dass der Holzblock während der Arbeit wegrutscht.

2. Die Schnittlinien 1 bis 4 entsprechend der Schnittführung markieren. Die Schnitte ausführen, die spitzen Dachteile entfernen und beiseitelegen.

3. Mit einem 29-mm-Bohrer das Einflugloch bohren. Es sollte ca. 2 cm unterhalb der Spitze des Holzblocks liegen und ca. 4 cm tief sein.

4. Mit einem 38-mm-Bohraufsatz 20 cm tief ins Zentrum des Holzblocks bohren; beginnen Sie an der Spitze des Nisthöhlenabschnitts.

5. Das Holz an den Seiten abmeißeln und die Höhlung vorsichtig ausweiten. Stellen Sie sicher, dass die äußeren Wände mindestens 2 cm Dicke aufweisen, wenn Sie fertig sind.

Tipp:
Seien Sie vorsichtig mit Holzblöcken, die tiefe Risse zeigen. Das bedeutet, dass Pflanzensaft darin eingeschlossen war und dass das Holz auseinanderfällt, sobald Sie damit arbeiten wollen.

Die Teile verbinden/Fertigstellung

6. Geben Sie Sägespäne in die Nisthöhle, die Sie gerade fertiggestellt haben. Anschließend befestigen Sie das Dachteil mit Leim und Stauchkopfnägeln in einem Überkreuzmuster (siehe Seite 21).

7. Mit einem 6-mm-Bohrer ein Abflussloch in die Rückseite bohren. Beginnen Sie unterhalb der Nisthöhle in einem 45°-Winkel und bohren Sie schräg aufwärts, bis Sie in die Nisthöhle vorstoßen.

8. Mit einem 6-mm-Bohrer ein Loch auf jeder Seite für den Aufhängedraht bohren. Beginnen Sie im Zentrum der Dachlinie, ca. 1,2 cm vom Rand entfernt, und führen Sie den Bohrer im Winkel Richtung Rückseite, sodass der Ausgang ca. 12,5 cm von Start entfernt liegt. Diese Löcher können über oder unter dem Abflussloch verlaufen.

9. Verdrillen Sie 90 cm PVC-beschichteten Bindedraht, stecken Sie die Enden durch die Löcher aus Schritt 8 und formen Sie an der Spitze eine wieder lösbare Schlaufe (siehe Seite 23).

10. Auf das Dach Leim auftragen, sodass das Hirnholz vollständig getränkt ist. Das Vogelhaus über Nacht zum Trocknen aufhängen. Dekorieren Sie nach eigenen Ideen oder lassen Sie sich von den Beispielen hier inspirieren.

Diese Art Holz findet man vorwiegend an Flussufern, als Treibholz am Strand oder mitunter als Baumstumpf im Wald.

Für welche Vögel geeignet?

Dieses Vogelhaus ist die ideale Nisthöhle für Meisenarten wie beispielsweise die abgebildete Kohlmeise.

Tipp: Auf einem Waldspaziergang finden Sie genügend Dekomaterial, um Ihrem Vogelhaus den gewünschten Vintage-Charme zu verleihen.

Vogelhausset mit flacher Rückwand

Dies ist ein lustiges Projekt für Ihren eigenen Garten, oder Sie teilen es mit jemandem, denn aus einem Stück Holz entstehen zwei nutzbare Vogelhäuser. Sie können die beiden Teile gleich gestalten, aber auch so unterschiedlich, wie es Ihre Fantasie erlaubt.

Schnittführung Vorderseite

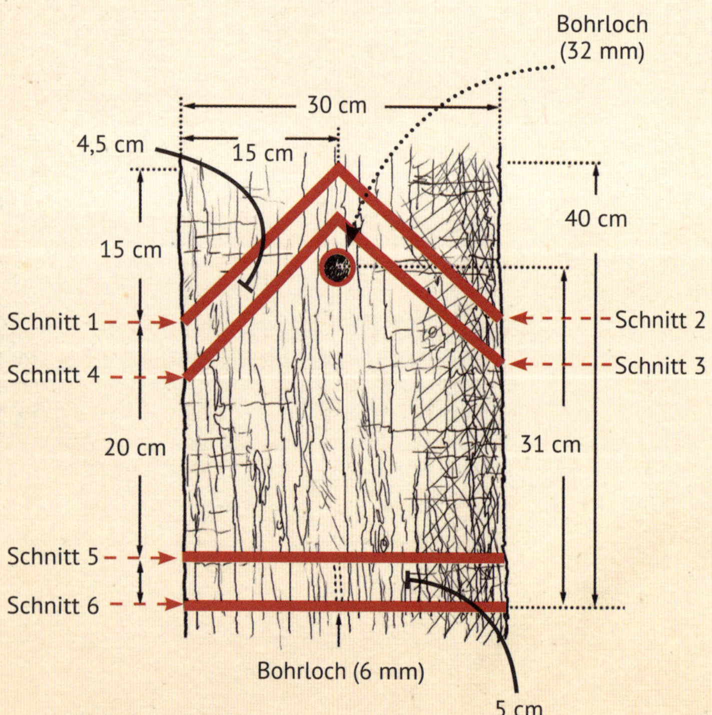

Schnittführung seitlich

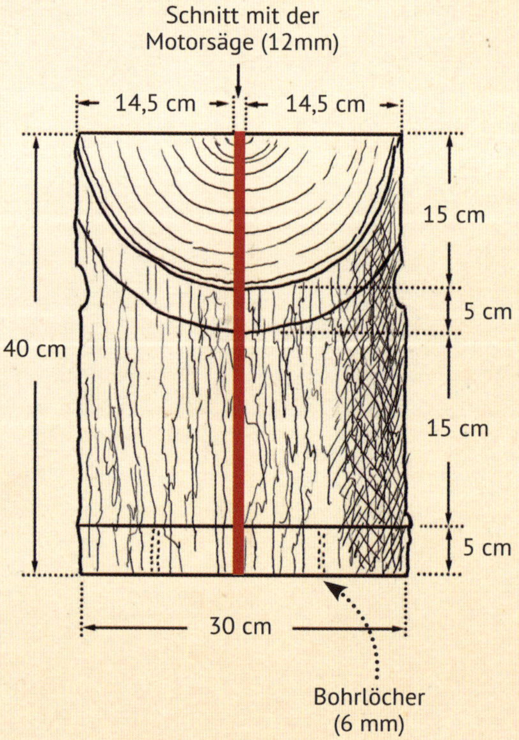

Zeichenerklärung

Schnittlinien

Das Holzstück zuschneiden

1. Sie benötigen ein Stück Totholz mit einem Durchmesser von 30 cm und mit einer Länge von 51 cm. Markieren Sie nach der Schnittführung für die Vorderseite die Schnittlinien 1 bis 6. Die Schnitte 1 und 2 ausführen, dadurch entsteht die Form des Daches. Anschließend Schnitt 6 ausführen und damit den Boden festlegen.

2. Das Zentrum des Holzblocks markieren, anschließend mit einer Motorsäge das Stück halbieren, wie in der Schnittführung seitlich gezeigt. Dadurch entstehen zwei 14,5 cm tiefe Abschnitte.

3. Nach der Schnittführung für die Vorderseite den Punkt für das Einflugloch zuerst auf dem einen, dann auf dem anderen der identischen Holzstücke markieren. Mit einem 32-mm-Flachfräsbohrer das Eingangsloch ca. 5 cm tief in beide Vogelhäuser bohren.

4. Die Schnitte 3 bis 5 zuerst auf dem einen Holzstück ausführen, dann auf dem anderen wiederholen. Dadurch entstehen drei Abschnitte für jedes Vogelhaus: Dach, Mittelteil und Boden.

5. Anschließend beide identischen Mittelteile aushöhlen. Verwenden Sie dafür die bei Projekt 2 (siehe Seite 40) beschriebene Technik. Mit einem 6-mm-Bohrer in der Mitte jedes Bodenteils ein Abflussloch bohren.

Diese beiden Vogelhäuser wurden aus einem angetriebenen Stück Zedernholz gefertigt. Jede Seite zeigt aufgrund der unterschiedlichen Verwitterung eine andere Farbe.

Die Teile verbinden/Fertigstellung

6. Die Teile des Vogelhauses wieder zusammensetzen. Starten Sie mit einem Boden und fügen Sie das Mittelteil mit Leim und Stauchkopfnägeln (50 mm) in einem Überkreuzmuster (siehe Seite 21) zusammen. Die Nisthöhle mit einer Handvoll Sägespäne füllen, dann das Dach anleimen und mit 50 mm Nägeln befestigen. Sobald ein Haus fertig ist, die Schritte für das andere wiederholen.

7. Überlegen Sie, wie Sie die Vogelhäuser aufhängen möchten. Wir haben eine Schlaufe aus verdrilltem Draht an der Rückseite jedes Hauses angebracht (siehe auch Seite 122). Alternativ können Sie mit einem 6-mm-Bohrer ein Loch auf jeder Seite für den Aufhängedraht bohren. Stecken Sie die Enden durch die Löcher, führen Sie den Draht nach oben und formen Sie an der Spitze eine wieder lösbare Schlaufe (siehe Seite 23).

8. Auf den Boden und das Dach Leim auftragen und beide Häuser über Nacht zum Trocknen aufhängen. Anschließend dekorieren Sie nach Ihren Vorstellungen mit Elementen, die für die Vögel nützlich sind. Kiefern-, Fichten- und Tannenzapfen beispielsweise enthalten Samen, die Wildvögeln als Nahrung dienen. Moose und Stöckchen sorgen für eine optimale Tarnung.

Wenn wir denselben Baum teilen, um unsere Projekte zu fertigen, kann uns dies zusammenbringen und sogar die räumliche Kluft überwinden, die Familienmitglieder mitunter trennt. Behalten Sie ein Haus aus dem Set und verschenken Sie das andere an liebe Verwandte.

Für welche Vögel geeignet?

Dieses Vogelhaus ist die ideale Nisthöhle für kleine Spechtarten wie den nordamerikanischen Dunenspecht (siehe Abbildung) und den europäischen Kleinspecht.

Doppelhaus für Sperlinge

Dieses Vogelhaus eignet sich sehr gut für Vogelarten, die gesellig brüten, wie Sperlinge und Schwalben. Es sollte 1,8 bis 3,7 m über dem Boden an einer Stange oder einem Baumständer angebracht werden. Die Vorderseite lässt sich entfernen, sodass Sie alle vier Parzellen auf einmal reinigen können.

Schnittführung Vorderseite

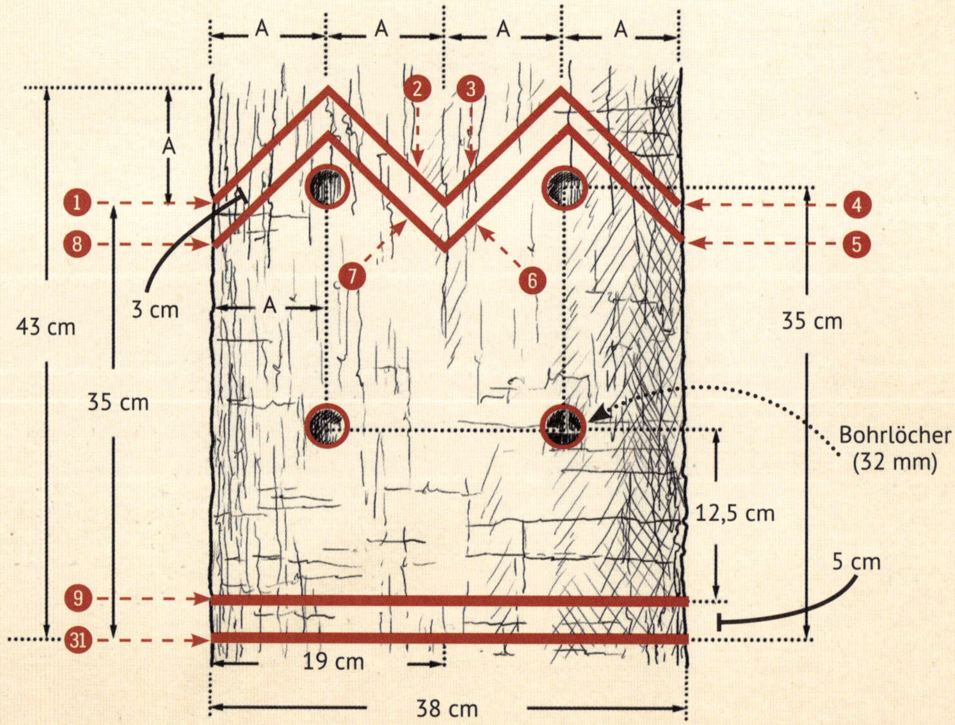

Zeichenerklärung

Schnittlinien

1 Schnittnummer

A 9,5 cm

Schnittführung von oben

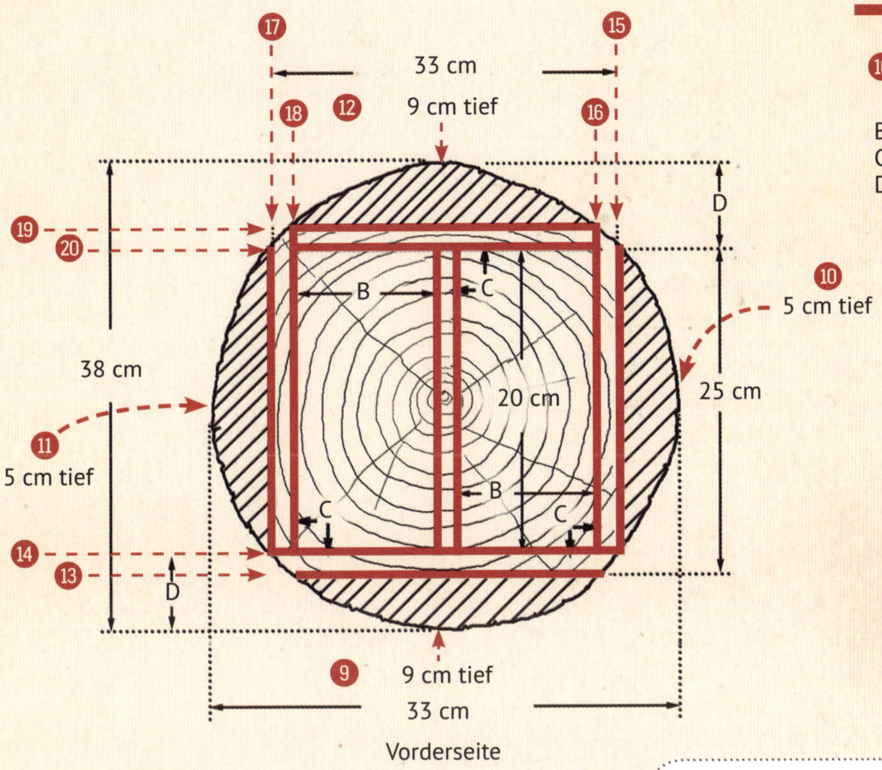

Zeichenerklärung

Schnittlinien

10 Schnittnummer

B 12,5 cm
C 2,5 cm
D 9 cm

Schnittführung innen

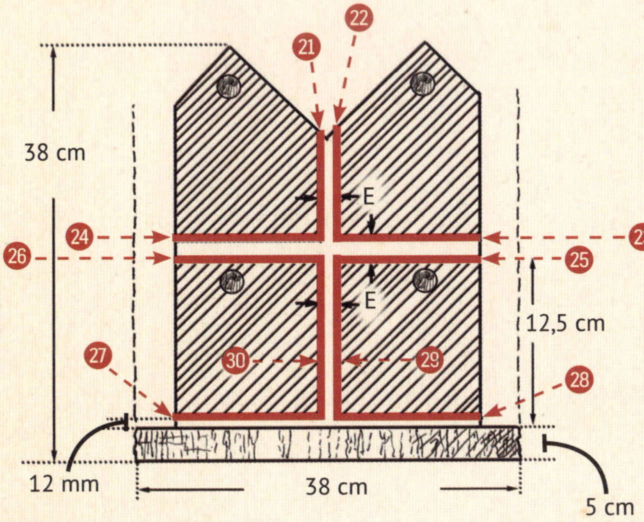

3D-Modell

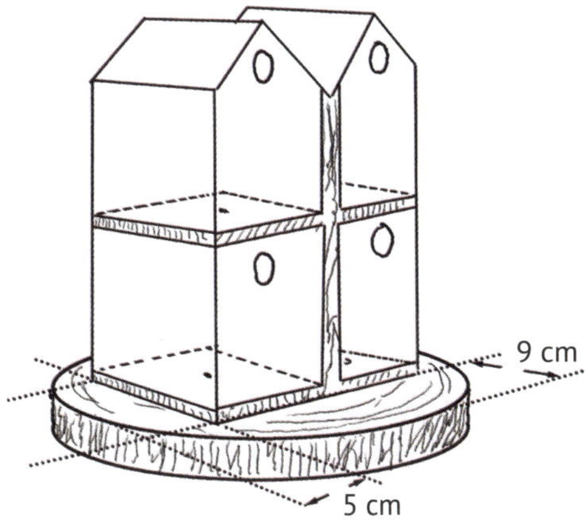

Zeichenerklärung

Schnittlinien

27 Schnittnummer

E 2,5 cm

Das Holzstück zuschneiden

1. Sie benötigen ein Stück Totholz mit einem Durchmesser von 38 cm und einer Länge von 51 cm. Markieren Sie nach der Schnittführung für die Vorderseite die Schnittlinien 1 bis 9, die vier Bohrlöcher und die Schnittlinie 31. Das Holzstück festschnallen und mit einer Stichsäge (Sägeblatt 300 mm) die Schnitte 1 bis 8 in der Reihenfolge ausführen. Die Spitze entfernen. Mit einem 32-mm-Bohrer das Einflugloch 9 cm tief bohren.

2. Das Holzstück losschnallen und hochkant aufstellen. Nach der Schnittführung von oben die Schnittlinien 11 bis 20 markieren. Achten Sie darauf, die wichtigen Abmessungen vom Zentrum nach außen durchzuführen. Nach der Schnittführung und dem 3D-Modell Schnitt 9 ausführen, 9 cm tief, dann die Schnitte 10 und 11, jeweils 5 cm tief. Zuletzt Schnitt 12, und zwar 9 cm tief.

3. Die äußeren Wände des Vogelhauses kennzeichnen, Schnitt 13 bis 20 in der Reihenfolge ausführen und die überschüssigen Holzteile entfernen – damit haben Sie die Außenwände. Jetzt müssen Sie nur noch die äußeren Oberflächen nach Ihrem Geschmack abschleifen und die Teile für den späteren Zusammenbau beiseitestellen.

4. Zu diesem Zeitpunkt ist der Kern des Holzblocks noch mit der Basis verbunden. Markieren Sie nach der Schnittführung innen die Schnittlinien 21 bis 30 und führen Sie mit der Stichsäge (Sägeblatt 300 mm) die entsprechenden Schnitte aus. Die inneren Holzteile entfernen und für künftige Projekte aufheben. Jetzt haben Sie die Innenwände und die Böden der Vogelhäuser.

5. Mit einem 6-mm-Bohrer ein Abflussloch ins Zentrum der Bodenteile bohren. Jedes Loch sollte vollständig nach außen führen, um sicherzustellen, dass das Wasser bei starkem Regen abfließen kann.

Die Teile verbinden

6. Das gesamte freiliegende Hirnholz mit Leim bestreichen, ausgenommen den eigentlichen Boden. Als Nächstes die äußeren Hinterwände aus Schritt 3 wieder einsetzen, verleimen und mit Stauchkopfnägeln (50 mm) im Überkreuzmuster (siehe Seite 21) zusammennageln. Achten Sie darauf, auch die Innenseite dieser Wand mit Leim zu bestreichen, wo sie an die Trennwand anschließt. Dann die linke und rechte Seitenwand mit Leim bestreichen und wieder einsetzen.

7. Leim auf die Innenseite der Frontwand und deren Hirnholz auftragen und das Teil beiseitestellen. Anschließend auf die linke, mittlere und rechte Wand, die mit der Vorderwand verbunden werden, Leim auftragen. Dann Leim auf den Boden des Dachteils auftragen. Alle Teile einzeln über Nacht trocknen lassen.

8. Zuerst Wachs auf alle geleimten Flächen der „Vorderseite" auftragen (Innenoberfläche und gesamtes Hirnholz), dann auf alle Flächen, mit denen die Vorderseite nach dem Zusammenbau in Berührung kommt. Dadurch wird sichergestellt, dass die geleimten Teile künftig nicht verkleben.

9. Die Vorderseite auf der Basis platzieren, ein Loch von 3 mm Durchmesser und 32 mm Länge bohren, sodass die Schraube versenkt ist und bündig mit der Vorderseite abschließt. Mit einer 50 mm langen verzinkten oder Edelstahl-Holzschraube befestigen. Alle äußeren Flächen des Vogelhauses wachsen und polieren.

10. Das Dach wieder aufsetzen, mit 50-mm-Nägeln befestigen und nur an den Nahtstellen Leim einsetzen.

Achten Sie darauf, dass beim Wiederaufsetzen des Daches kein Leim hervorquillt, damit das Vogelhaus schön aussieht.

Fertigstellung

11. Das Vogelhaus auf die Rückseite legen, die Oberfläche von Spitze und Boden mit Leim bestreichen und alles vollständig trocknen lassen.

12. Die Einfluglöcher mit der Feile zu einem Oval erweitern, damit sie für Schwalben geeignet sind. Sie benötigen weitere 6 mm auf jeder Seite, sodass sich ein Durchmesser von 3 cm längs und 4 cm quer ergibt. Geben Sie eine Handvoll Sägemehl und Sägespäne in die Nisthöhlen der fertigen Häuserteile.

13. Dekorieren Sie nach eigenen Ideen, aber setzen Sie ruhig viele großflächige Akzente, da dieses anfänglich sehr große Vogelhausset weiter entfernt von den Fenstern Ihres Hauses aufgestellt wird. Die Front kann für Reinigungszwecke abgeschraubt werden. Befestigen Sie die Dekoration nur mit kurzen Nägeln, sodass sich die Front nicht mit den anderen Teilen des Vogelhauses verbindet.

Für welche Vögel geeignet?

Die 32 mm großen Einfluglöcher eignen sich für gesellig brütende Vögel wie Sperlinge, aber auch für größere Meisen wie die Kohlmeise.

Das Beispiel zeigt Einfluglöcher für Sperlinge. Wenn Sie Stare anlocken möchten, sollten die Löcher mindestens 5 cm Durchmesser aufweisen.

Wurzel-Vogelhaus

Dieses Vogelhaus sieht äußerst skurril aus. Schnellwachsende Weichhölzer wie Erle, Birke, Pappel und Kiefer bilden Wurzelholz mit einem besonderen Charakter aus. Häufig hängt noch Rinde daran, da es unter der Erde langsam aushärtet. Passende Totholz-Wurzelstücke kann man oft an Flussufern und an der Küste finden oder an Stellen, an denen Baumstämme für Zäune oder andere Bauvorhaben entwurzelt und zersägt wurden.

Schnittführung

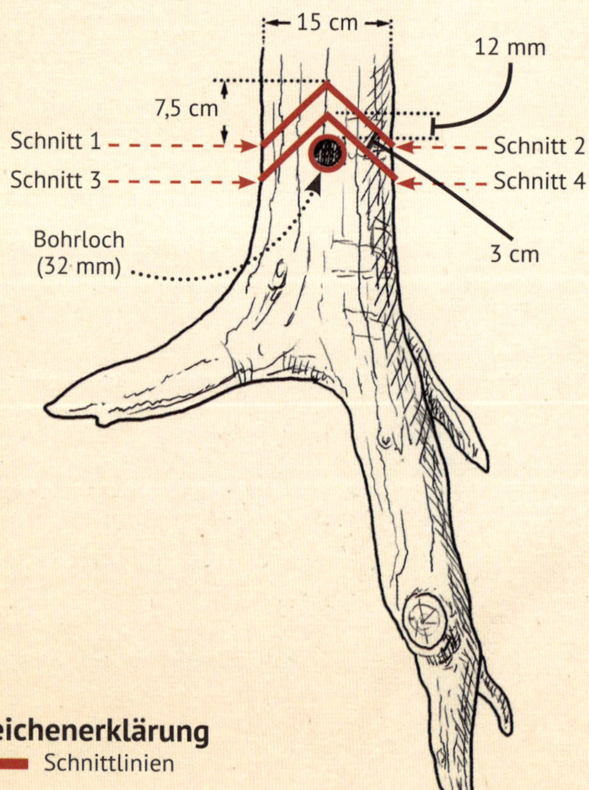

Zeichenerklärung

Schnittlinien

Nisthöhle

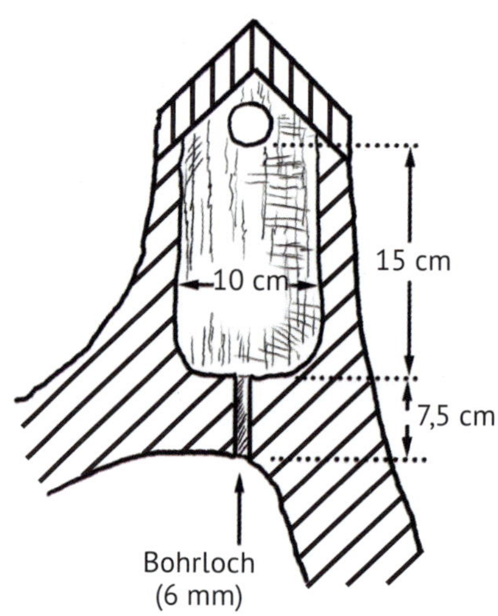

Das Vogelhaus fertigstellen

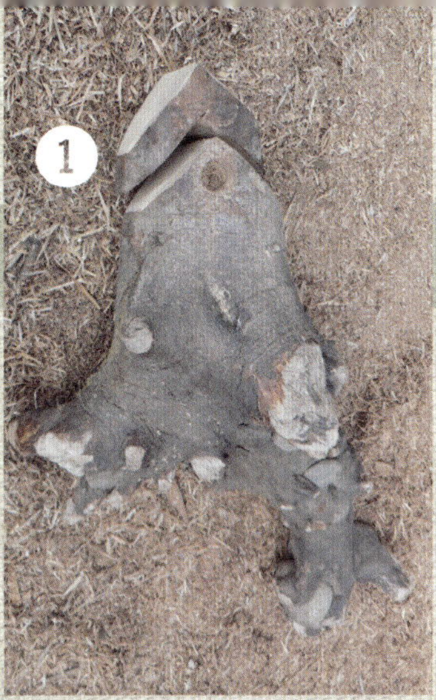

1. Sie benötigen einen Wurzelstock mit wenigstens 15 cm Durchmesser und 30 cm Länge, und zwar gemessen vor dem Abschnitt, an dem er sich in die einzelnen Wurzeln aufteilt. Suchen Sie die Mittellinie und markieren Sie das Dach entsprechend der Schnittführung; es sollte ca. 3 cm dick sein. Die Schnitte 1 bis 4 ausführen und das Dachteil beiseitestellen. Das Einflugloch mit einem 29-mm-Bohrer 5 cm tief bohren.

2. Mit einem 38 mm langen Bohraufsatz von oben durch das Zentrum des Hirnholzes bohren, dabei den weichen Kern ca. 15 cm tief aushöhlen. Das Holz im Zentrum herausmeißeln, bis außen noch ein ca. 2,5 cm breiter Rand übrig bleibt.

3. Mit demselben Bohraufsatz mehrmals kreisförmig nach unten bohren, damit der Boden im Inneren des Vogelhauses flach wird. Mit einem 15 cm langen 6-mm-Bohrer aufrecht durch den unteren Teil des Wurzelstücks bohren, bis die Nisthöhle erreicht ist. Dieses Loch dient als Abfluss. Auf beide Seiten des Dachhirnholzes Leim auftragen und das Dach mit 50 mm langen Stauchkopfnägeln in einem Überkreuzmuster (siehe Seite 21) zusammennageln.

4. Mit einem 30 cm langen 6-mm-Bohrer auf jeder Seite des Hauses ein waagrechtes Loch bohren, den verdrillten Aufhängedraht durch die Löcher nach oben ziehen und an der Spitze eine wieder lösbare Schlaufe formen (Details siehe auch Projekt 7, Seite 60). Auf das Dach Leim auftragen und über Nacht zum Trocknen aufhängen.

5. Achten Sie beim Dekorieren darauf, die Charakteristika des Wurzelstocks zu betonen und seine Qualitäten hervorzuheben. Mitunter sehen Seitenwurzeln wie Arme oder Beine aus, oder das Holzstück ähnelt einem Tier. Lassen Sie Ihrer Fantasie freien Lauf!

Offene Nisthöhle

Dieses Vogelhaus dient manchen Vogelarten als Schlafstelle und bietet anderen, sogenannten Halbhöhlenbrütern, einen Nistplatz. Es eignet sich für kleine, aber auch größere Vögel. Unser Beispiel ist auf die Größe von Finken und Sperlingen zugeschnitten. Mehr Informationen über das Aufstellen von Halbhöhlenkästen finden Sie auf Seite 27.

Schnittführung

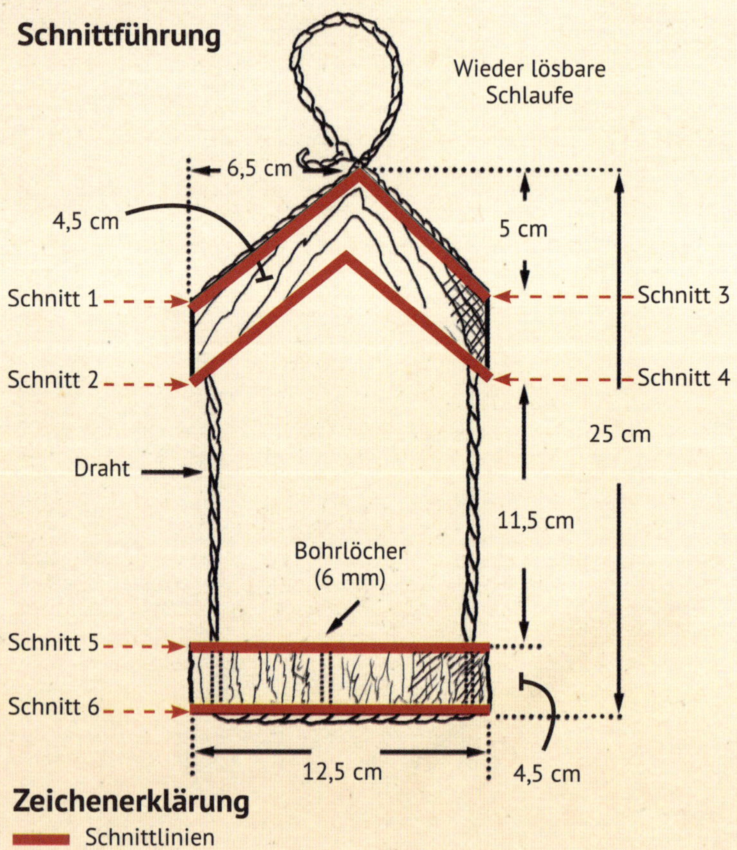

Zeichenerklärung

Schnittlinien

Bohrlöcher

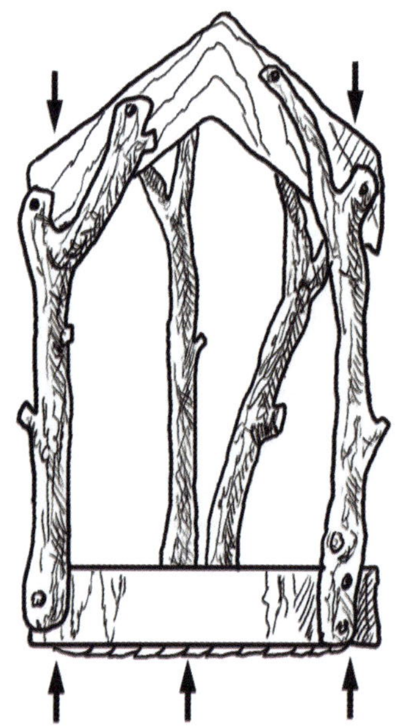

Die offene Nisthöhle fertigstellen

1. Sie benötigen einen Holzblock mit 12,5 cm Durchmesser und 15 cm Länge. Entsprechend der Schnittführung die Schnittlinien 1 bis 6 markieren und die Schnitte ausführen. Dadurch entstehen das Dach und der Boden.

2. Suchen Sie vier mindestens 25 cm lange Stöckchen (Durchmesser ca. 2 cm) und befestigen Sie sie mit 50-mm-Nägeln an vier unterschiedlichen Punkten auf dem Boden und an den korrespondierenden Punkten auf dem Dach – sie bilden die Verbindung zwischen Boden und Dach. Sobald sie an Ort und Stelle sitzen, mit einer Gartenschere oder Handsäge zurechtstutzen, damit sie bündig mit dem Holz abschließen.

3. Mit einem 30 cm langen 6-mm-Bohrer vier Löcher für den Aufhängedraht sowie ein Abflussloch in der Mitte des Bodens bohren. Den verdrillten Aufhängedraht durch die Löcher nach oben ziehen und an der Spitze eine wieder lösbare Schlaufe formen (siehe Seite 23).

4. Das gesamte Hirnholz mit Leim tränken und über Nacht zum Trocknen aufhängen.

5. Decken Sie den Boden des Nistkastens mit einem Bett aus Moos ab. Befestigen Sie das Moos an den Rändern mit Fichtenzapfen oder Stöckchen. Anschließend montieren Sie die Dachschindeln und fügen einige Stöckchen hinzu, die von den Vögeln als Sitzstange genutzt werden können.

Vogel- und Bienenhaus

In diesem Projekt werden ein Vogelhaus und verschiedene Unterkünfte für Bestäuber kombiniert. Kleine Singvögel fressen normalerweise keine Mauerbienen und auch nicht deren Larven, deshalb ist dieses skurrile Haus für beide Seiten von Nutzen. Sie haben große künstlerische Freiheit beim Zuschneiden und Dekorieren und können das Haus als Burg oder kleines Dorf gestalten.

Schnittführung

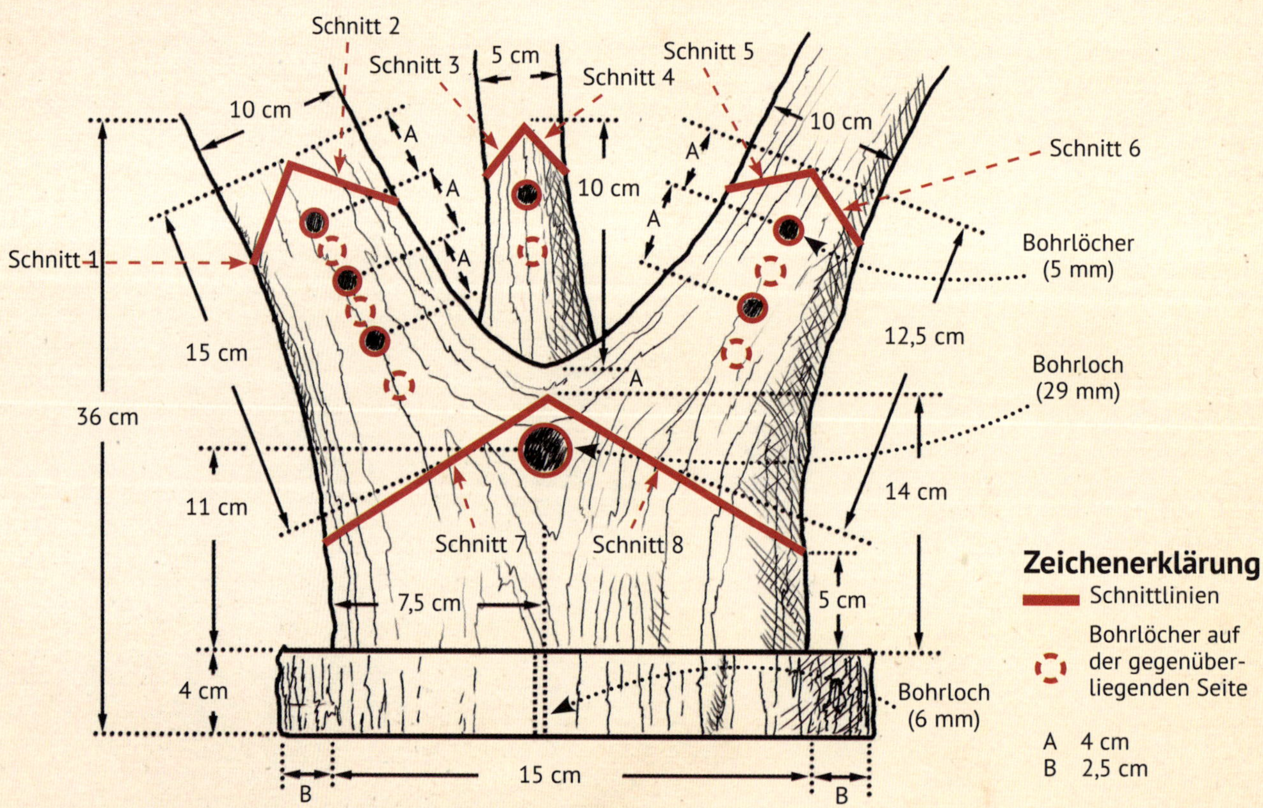

Das Holzstück zuschneiden

1. Sie benötigen ein Stück Totholz, das sich verzweigt. Der Hauptteil sollte einen Mindestdurchmesser von 15 cm haben. Auch die eine Länge vom Boden bis zum Beginn der Gabelung sollte wenigstens 15 cm aufweisen. Die beiden Äste sollten ca. 10 bis 15 cm lang sein, sodass die Gesamtlänge des Projekts ca. 36 bis 40 cm beträgt. (Schauen Sie sich die Grafik auf Seite 76 genau an, damit Sie wissen, nach welcher Form und welchen Eigenschaften Sie suchen müssen.)

2. Außerdem brauchen Sie eine dickere Holzscheibe, auf der das Haus befestigt wird und die den „Garten" bildet. Sie sollte einen Durchmesser von ca. 20 cm haben und etwa 4 cm dick sein. Ganz gleich, ob Sie Treibholz oder Totholz aus dem Wald verwenden: Es sollte gut ausgehärtet sein.

3. Schnallen Sie das Holzstück fest und markieren Sie nach der Schnittführung die Schnittlinien 1 bis 8. Das Einflugloch mit einem 29 mm Flachfräsbohrer markieren – das hilft Ihnen, sich die Lage des Vogelhauses zwischen den anderen Quartieren vorzustellen.

4. Mit einer Stichsäge (Sägeblatt 300 mm) die Schnitte 1 bis 8 in der Reihenfolge ausführen. Mit einem 29-mm-Bohrer das Einflugloch 7,5 cm tief bohren.

5. Das Dachteil beiseitelegen. Das Mittelstück festschnallen und aushöhlen. Wenn Sie ein relativ weiches Holz haben, gehen Sie nach den Anweisungen in Projekt 2 vor (siehe Seite 40). Wenn das Holz härter ist, folgen Sie den Schritten für Projekt 1 (siehe Seite 34).

Teile verbinden/Fertigstellung

6. Auf das Hirnholz des Mittelstücks und die Oberseite der Bodenscheibe, die den Garten bildet, Leim auftragen und beide Teile mit Stauchkopfnägeln (50 mm) in einem Überkreuzmuster (siehe Seite 21) verbinden. Die Nisthöhle mit einer Handvoll Sägespäne füllen, dann das Dach mit Leim bestreichen und aufsetzen.

7. Mit einem 5-mm-Bohrer alle Löcher für die Bestäuber bohren. Es bleibt Ihnen überlassen, wie Sie die jeweiligen Kammern verteilen; Sie können sich natürlich auch an die Vorgaben aus der Schnittführung halten.

8. Mit einem 6-mm-Bohrer ein Abflussloch ins Zentrum der Bodenscheibe bohren. Nach der Vorlage auf dieser Seite die vier Löcher für den Aufhängedraht bohren. Stecken Sie die Enden von verdrilltem, PVC-beschichtetem Draht durch die Löcher, führen Sie den Draht nach oben und formen Sie an der Spitze eine wieder lösbare Schlaufe (siehe Seite 23).

9. Auf die Spitzen und den Boden ausreichend Leim auftragen und alles über Nacht zum Trocknen aufhängen.

10. Anschließend dekorieren Sie das Haus nach Ihren Vorstellungen. Wenn Sie beispielsweise die beiden Spitzen im gleichen Stil verzieren, erinnert das an eine Burg, während unterschiedliche Gestaltung eher den Eindruck eines Dorfes hervorruft.

Drahtaufhängung

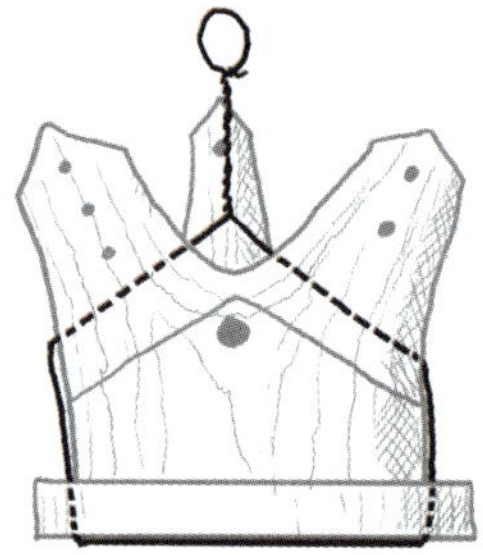

Wenn Sie die Löcher für die Bestäuber mit einem Marker, einem Brandmal-Pen oder dunkler Farbe betonen, schaffen Sie die Illusion, dass sie ebenso in einen Hohlraum führen wie das Einflugloch. Ihre Funktion wird dadurch nicht beeinträchtigt.

Eulenhaus mit Reinigungsklappe

Dieses hübsche Vogelhaus zieht Eulenarten unterschiedlicher Größe an, je nachdem, wo es aufgestellt wird. Es bietet außerdem Platz für viele andere Bewohner, und dank der einzigartigen Reinigungsklappe können Sie problemlos ein Eichhörnchen-, Mäuse- oder Hornissennest entfernen, falls notwendig. Achten Sie darauf, keine anderen Tiere zu stören.

Schnittführung Vorderseite

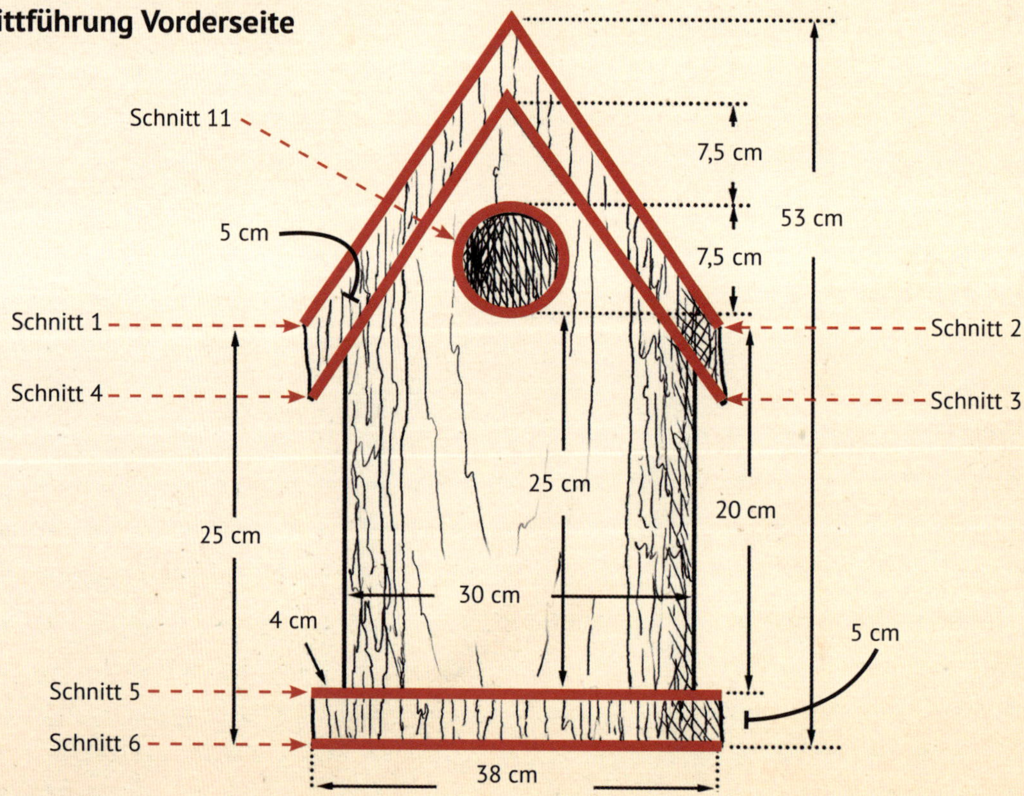

Zeichenerklärung

Schnittlinien

Schnittführung Rückseite

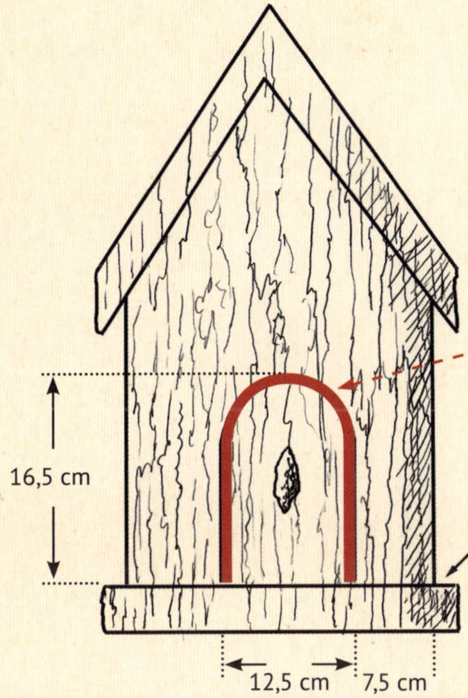

Reinigungsklappe im Detail

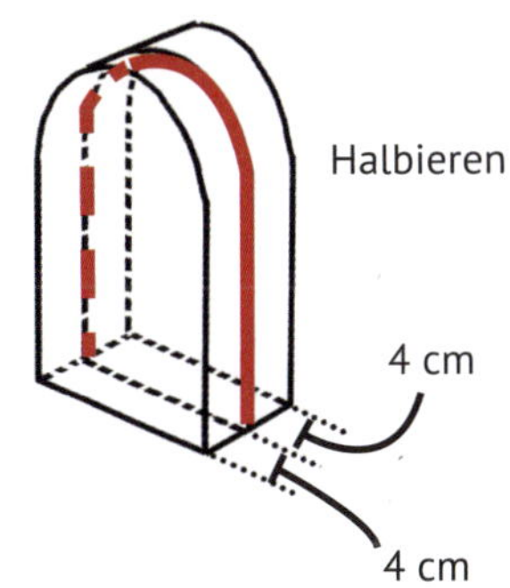

Schnittführung Seitenansicht

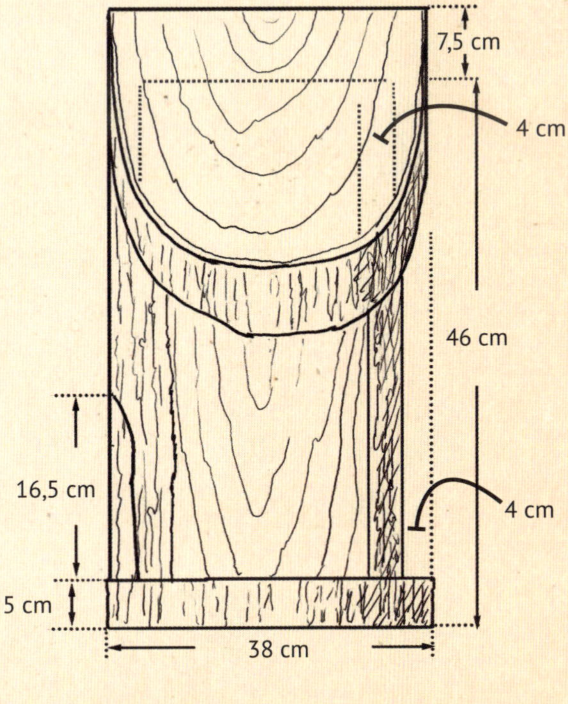

Schnittführung von oben

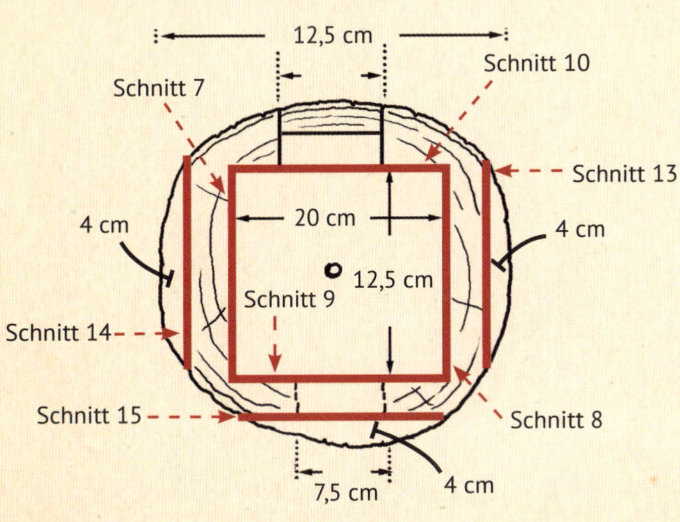

Zuschneiden/Die Teile verbinden

1. Sie benötigen ein Stück Totholz mit 38 cm Durchmesser und 61 cm Länge. Markieren Sie nach der Schnittführung für die Vorderseite die Schnittlinien 1 bis 6 und führen Sie die Schnitte 1 bis 6 in der Reihenfolge aus. Dadurch erhalten Sie drei Abschnitte: Dach, Mittelteil und Boden.

2. Nach der Schnittführung von oben die Schnittlinien 7 bis 10 und 13 bis 15 auf dem Mittelstück markieren. Mit der Stichsäge (Sägeblatt 300 mm) die Schnitte 13 bis 15 ausführen.

3. Mit der Motorsäge (40 cm) die Schnitte 7 bis 10 ausführen. Führen Sie das Sägeblatt durch das weiche Holz und folgen Sie den Schnittlinien in die eine oder andere Richtung bis zu einem Haltepunkt. Wenn alle Schnitte ausgeführt sind, können Sie den Kern in einem Stück entfernen.

4. Die Innenwände des hohlen Mittelstücks abschleifen und wachsen (siehe Seite 22).

5. Nach der Schnittführung Vorderseite die Schnittlinie 11 markieren. Mit einem Flachfräsbohrer ein Startloch bohren, dann zur Stichsäge (Sägeblatt 150 mm) wechseln und innerhalb des markierten Kreises das 7,5 cm tiefe Einflugloch bohren.

Tipp: Wenn Sie ein Vogelhaus reinigen möchten, tun Sie das am besten in der Wintersaison, dann besteht keine Gefahr, Vögel beim Nisten zu stören.

6. Nach der Schnittführung Rückseite die Schnittlinie 12 markieren und den Schnitt ausführen. Dadurch entsteht die oben abgerundete Reinigungsklappe. Um eine versenkte Tür zu erhalten, müssen Sie das entfernte Holzstück halbieren (siehe Grafik Seite 81).

7. Das Mittelstück sorgfältig mit Leim bestreichen und am Boden mit 50 mm langen Stauchkopfnägeln in einem Überkreuzmuster (siehe Seite 21) befestigen.

6

7

Für welche Vögel geeignet?

Das Einflugloch mit einem Durchmesser von 75 mm ist für verschiedene kleinere Eulenarten geeignet, beispielsweise den Steinkauz *(Athene noctua)* und den hier abgebildeten Raufußkauz *(Aegolius funereus)*.

Tipp: Keine Angst, wenn nicht gleich eine Eule in das Haus einzieht. Eulen können über zwei Jahre verstreichen lassen, ehe sie ein Haus als sicher erachten, um darin zu nisten.

Fertigstellung

8. Suchen Sie sich ein 10 cm langes Stöckchen mit einem Durchmesser von 2 cm. Halbieren Sie es und platzieren Sie die beiden 5 cm langen Stücke auf dem Boden an der Türinnenseite der Reinigungsklappe; sie sollten leicht vorstehen und dadurch einen permanenten Türstopper bilden. Die Stöckchen mithilfe von Leim und Nägeln fixieren.

9. Mit einem 9-mm-Bohrer zwei Stiftlöcher links und rechts auf der Außenseite der Reinigungsklappe bohren. Zwei kleine Stöckchen in die Stiftlöcher stecken, die als herausnehmbare Türstopper fungieren.

10. Das Dach mit Leim bestreichen und wieder aufsetzen. Die Spitze des Dachs und den Boden mit Leim bestreichen, sodass das gesamte Hirnholz gut durchtränkt ist. Das Haus auf den Rücken legen und über Nacht trocknen lassen.

11. Mit einem 6-mm-Bohrer ein Abflussloch ins Zentrum des Bodens bohren.

12. Dekorieren Sie nach Ihrem Geschmack, oder lassen Sie sich von unserem Haus inspirieren.

Zwei Stöckchen, die Sie an die Innenseite der Reinigungsklappe leimen und nageln, bilden einen permanenten Türstopper; dadurch kann die Tür nicht zufällig nach innen gedrückt werden.

Zwei kleine dekorative Stöckchen, die in die vorgebohrten Stiftlöcher des Bodenteils gesteckt werden, halten die Reinigungsklappe von außen an ihrem Platz.

Einfacher Vogelhaus-Ständer

Unser Vogelhaus-Ständer bildet einen herrlichen Blickfang für jeden Garten. Auf ihm können Sie jedes unserer Vogelhäuser mit flachem Boden platzieren. Dieses Projekt fällt etwas aus der Reihe, da Sie dafür frisch gefälltes Holz oder umgefallene bzw. von Bibern gefällte Bäume verwenden können. In diesem Fall ist der Pflanzensaft sogar erwünscht, da er den Baumständer für alle Arten von Insekten unattraktiv macht - und damit seine Haltbarkeit verlängert.

Schnittführung Basis

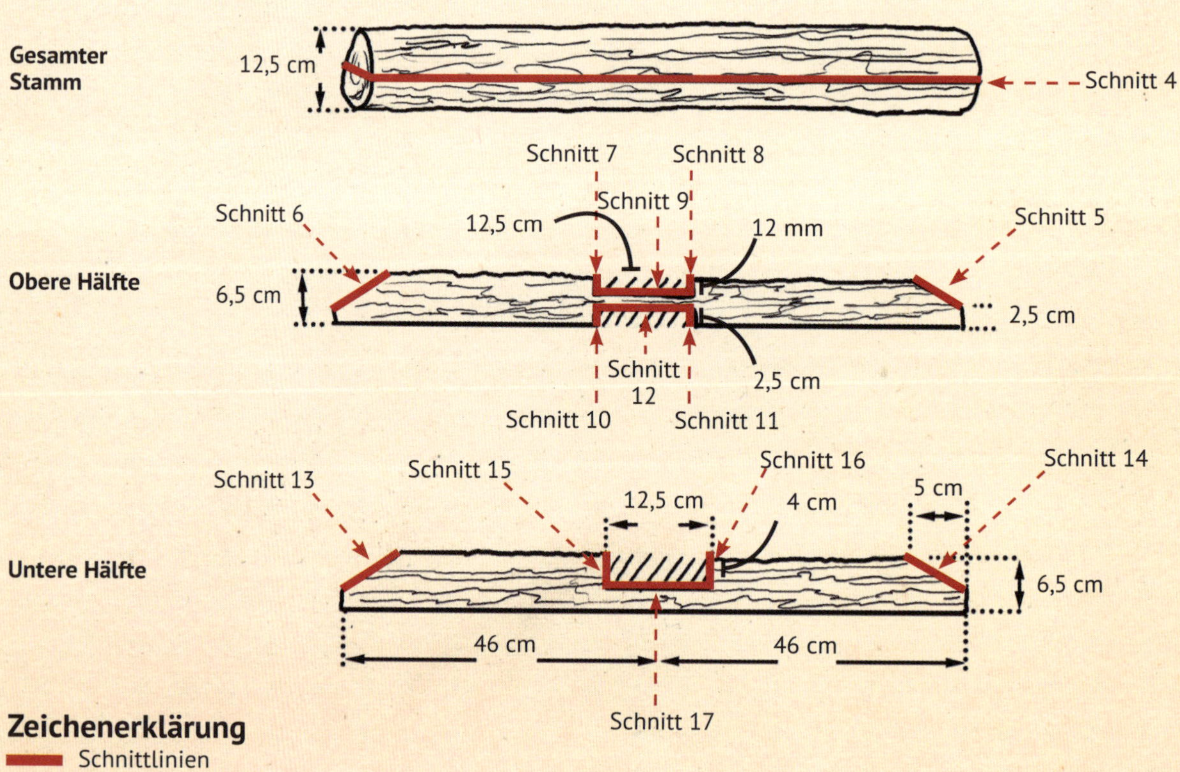

Vorderansicht

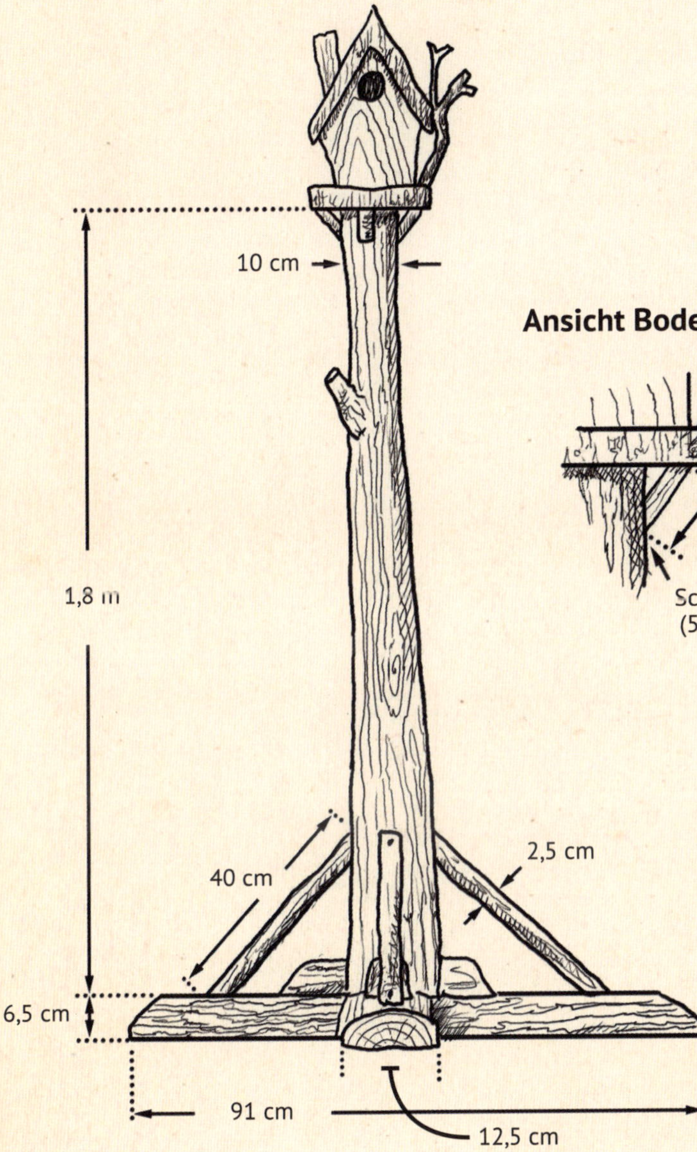

Ansicht Boden

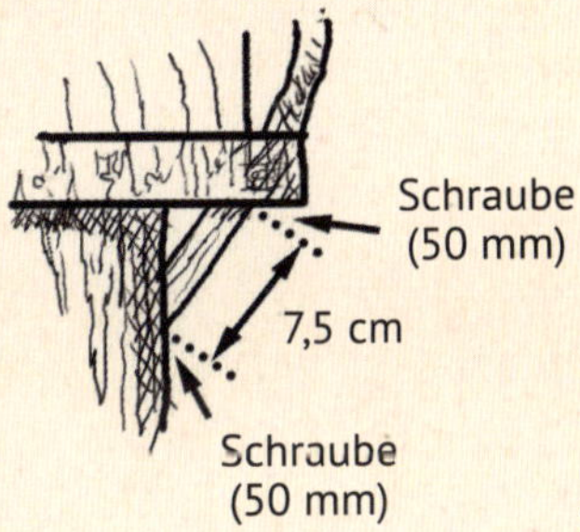

Schnittführung hinten

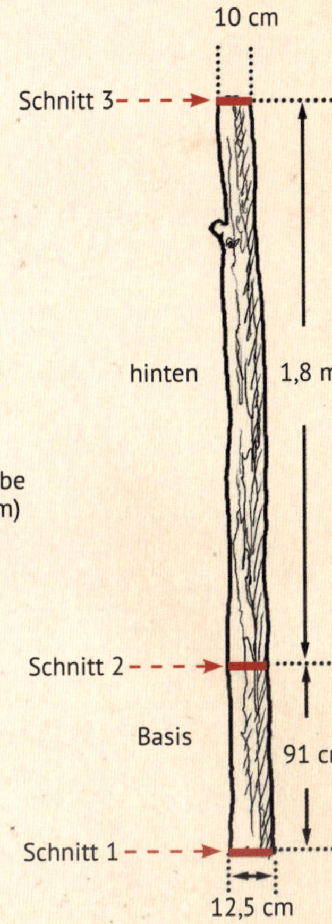

Ansicht Basis

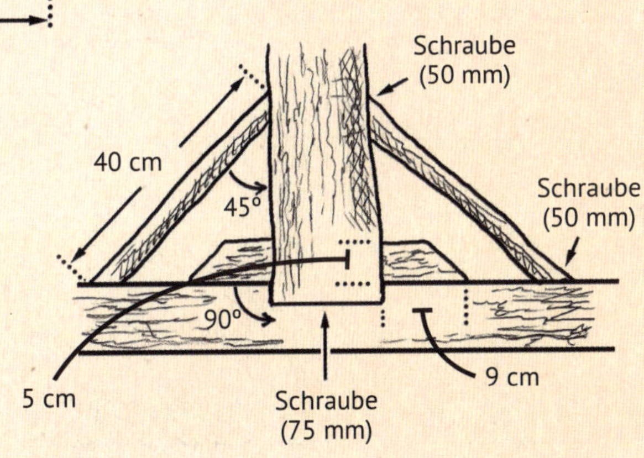

Holzstücke zuschneiden

1. Sie benötigen einen ca. 3 m langen Baumstamm. Er sollte mit einem Durchmesser von 12,5 cm beginnen und sich auf 10 cm verjüngen. Den Boden mithilfe eines Winkeldreiecks festlegen, wobei die Mittellinie des Holzstamms als Basislinie fungiert. Schnitt 1 ausführen. Anschließend exakt 91 cm ausmessen und Schnitt 2 ausführen. Achten Sie darauf, dass er genau lotrecht ist, denn dabei entsteht der Boden des Baumständers.

---

2. Von diesem Schnitt weg am langen Stück des Baumstamms 1,8 Meter abmessen und Schnitt 3 ausführen, ebenfalls exakt lotrecht. Jetzt haben Sie zwei Abschnitte mit perfekten Enden: Das 91 cm lange Stück bildet die Basis, das 1,8 m lange Stück den Ständer.

---

3. Nach der Schnittführung Basis Schnittlinie 4 markieren und Schnitt 4 ausführen. Dabei entsteht das Fußkreuz für die Basis.

---

4. Weiter nach der Schnittführung Basis die Schnittlinien 4 und 5 markieren und die Schnitte ausführen, ebenso Schnitte 7 bis 9, wodurch eine 12 mm tiefe Einkerbung in der Mitte der Oberseite des Oberteils entsteht. Am selben Holzstück die Schnittlinien 10 bis 12 markieren und die Schnitte ausführen, das ergibt eine 2,5 cm tiefe Einkerbung auf der Unterseite des Oberteils. Dieses beiseitelegen.

---

5. Die Schnittlinien 13 bis 17 markieren und die Schnitte ausführen. Dadurch ergibt sich eine 4 cm tiefe Einkerbung auf der Oberseite des Unterteils.

6. Auf einer ebenen Arbeitsfläche die beiden 91 cm langen Teile zu einem Fußkreuz zusammenlegen. Wenn Sie nicht ganz genau passen, die Differenz nur in der Einkerbung der Unterseite ausgleichen. Verwenden Sie dafür eine Holzraspel, Schleifpapier oder einen Meißel. Entfernen Sie kein Holz vom Oberteil. Sobald sie sich gut ineinanderfügen, legen Sie beide Teile beiseite.

7. Suchen Sie sich vier feste Stöckchen mit 2,5 cm Durchmesser und 56 cm Länge. Nach der Grafik Vorderseite oder Basis jedes der vier Stöckchen auf 40 cm einkürzen, mit jeweils einem 45°-Winkel an jedem Ende. Sie bilden die Streben der Basis. Die vier angeschnittenen Stücke auf 7,5 cm kürzen und ebenfalls mit einem 45°-Winkel an jedem Ende versehen; sie stützen die Basis an der Spitze (siehe auch Grafik Vorderseite, Seite 87). Diese Stücke beiseitelegen und die 40 cm langen Teile griffbereit halten.

8. Jetzt benötigen Sie ein Stöckchen mit 5 cm Durchmesser und 61 cm Länge (siehe auch Grafik Vorderseite und Basis). Schneiden Sie ein Ende gerade ab, dann schneiden Sie das Stöckchen in vier identische Ankerstücke, jedes 9 cm lang mit einem 90°-Winkel auf der einen und einem 45°-Winkel auf der anderen Seite.

Die kurzen Teile dienen als Stütze für die Basis des Vogelhauses.

Die langen Teile bilden Streben zwischen der Basis und dem Ständer.

Diese Ankerstücke sorgen dafür, dass der Ständer fest mit dem Zentrum der Basis verbunden ist.

Legen Sie alle benötigten Teile vor dem Zusammenbau ordentlich aus, um sicherzustellen, dass nichts fehlt.

Die Teile verbinden/Fertigstellung

9. Zuerst bauen Sie das Fußkreuz zusammen, indem Sie das Oberteil auf das Unterteil legen. Anschließend den Ständer in die Einkerbung auf dem Oberteil einpassen. Alle Hirnholz-Teile mit Leim tränken. Die Ankerteile (aus Schritt 8) mit 75 mm Holzschrauben rund um die Basis befestigen. Zwei Schrauben pro Holzstück sollten genügen.

10. Als Nächstes befestigen Sie die 40 cm langen Streben (siehe Grafik Ansicht Basis) mit jeweils zwei 50 mm Holzschrauben pro Strebe.

11. Den gesamten Ständer auf die Seite legen und eine 75 mm lange Holzschraube von unten durch die Mitte des Ständers drehen. Achten Sie darauf, dass sie bis in den Ständer reicht. Die Spitze und den Boden des Ständers mit Leim bestreichen, sodass das Hirnholz ausreichend getränkt ist, und den Ständer auf der Seite liegen lassen, bis alles getrocknet ist.

12. Die letzten vier Stücke aus Schritt 7 dienen dazu, das Vogelhaus auf der Spitze des Ständers zu stabilisieren. Zuerst mit einem 3-mm-Bohrer die Löcher für die Schrauben vorbohren. Dann das gewählte Vogelhaus auf der Spitze des Ständers festmachen, dabei jedes Teil sorgfältig am Ständer und am Boden des Vogelhauses mit zwei 50 mm Holzschrauben befestigen.

Achten Sie darauf, dass der Ständer senkrecht steht, ehe Sie die Ankerstücke befestigen.

Alle Schraubenlöcher sollten mit einem 3-mm-Bohrer vorgebohrt werden, und zwar mindestens 2,5 cm tief.

Der Überhang, den der Boden des Vogelhauses bildet, schützt die Vögel vor möglichen Räubern, die am Ständer hochklettern.

Futterstation Vogelspielplatz

Dieses Projekt ist eine wundervolle Variante unseres einfachen Vogelhaus-Ständers (siehe Seite 86). Es sorgt für unbegrenztes Vergnügen und hält ewig. Sie können alle unsere Futterstationen daran befestigen, auch das Holzblock-Pflanzgefäß (siehe Seite 116) mit einer blühenden Pflanze für Insekten. Der Futterspender-Wunschbrunnen (siehe Seite 94) macht sich gut an der Spitze.

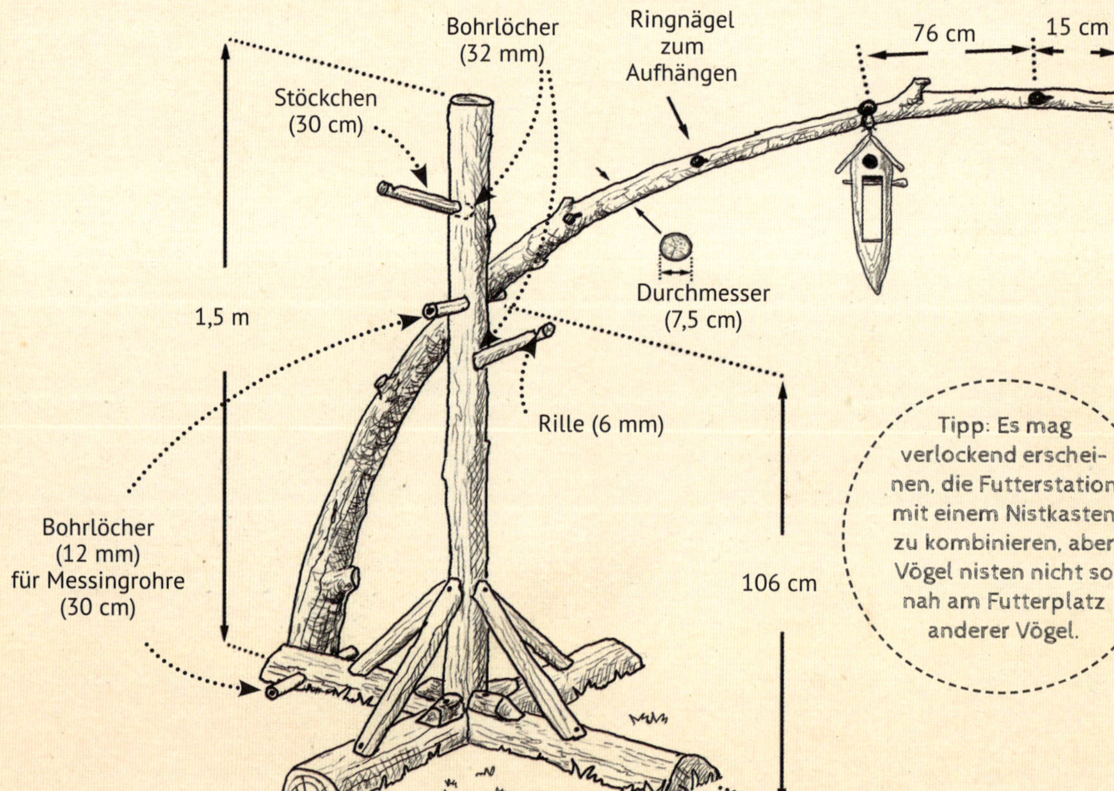

Tipp: Es mag verlockend erscheinen, die Futterstation mit einem Nistkasten zu kombinieren, aber Vögel nisten nicht so nah am Futterplatz anderer Vögel.

Den Stamm fertigstellen

1. Beginnen Sie mit der Anleitung für den einfachen Vogelhaus-Ständer (siehe Seite 86), aber machen Sie ihn statt 1,8 Meter nur 1,5 Meter hoch. Achten Sie darauf, dass er im Lot steht, und suchen Sie sich einen Ast – Treibholz oder aus dem Wald – mit 7,5 cm Durchmesser und 3,7 m Länge, der auf natürliche Weise gebogen ist. Nach der Skizze den Ast gegen den Baumständer lehnen und an der Basis sowie am Stamm befestigen.

2. Mit einem 30 cm langen 12-mm-Bohrer in einem Zug durch den Ast und den Ständer bohren, dabei den Bohrer mehrmals vor und zurück bewegen. Achten Sie darauf, dass der Ast nicht verrutscht, und bohren Sie auf die gleiche Weise ein Loch durch Ast und Basis.

3. Ein Messingrohr oder Hartholzstück mit einem Durchmesser von 12 mm in zwei 15 bis 30 cm lange Stücke schneiden und diese in die beiden Bohrlöcher stecken. Nochmals bohren, wenn die Bohrlöcher zu klein sind.

4. Mit einem 32-mm-Bohrer zwei Löcher in den Stamm des Vogelhaus-Ständer bohren, in die Stöckchen als Aufhänger für die Futterstationen kommen (siehe Grafik). Jedes Loch sollte 6,5 cm tief sein und einen leichten Abwärtswinkel bilden. Schnitzen Sie passende Stöckchen, die ca. 20 bis 30 cm hervorstehen. Mit einer Holzraspel eine kleine Rille in jedes Stöckchen fräsen, durch die der Aufhängedraht der Futterstation läuft.

5. Sie benötigen vier 5 cm lange Ringnägel mit einem Durchmesser von 3 mm und einem Ring von 9 mm Durchmesser, die Sie an dem gekrümmten Ast anbringen. Beginnen Sie 15 cm von der Spitze entfernt und schlagen das zweite Paar im Abstand von 76 cm zum ersten ein. Sie sollten ca. 12 mm vorstehen, damit Sie die Futterstationen daran aufhängen können. Mit einer 50-mm-Holzschraube können Sie ein Futterhaus auf der Spitze des Vogelhaus-Ständers anbringen.

Futterspender Wunschbrunnen

Diese Art, Vögel zu füttern, bietet jede Menge Spaß. Die kleinen sitzen bequem im Inneren, geschützt vor möglichen Räubern. Die größeren hocken am Rand, stecken ihr Köpfchen ins Haus und picken eifrig das Körnerfutter. Der Futterspender kann überall hängen, oder Sie montieren ihn auf dem einfachen Vogelhaus-Ständer (siehe Seite 86) oder einem Zaunpfosten.

Schnittführung

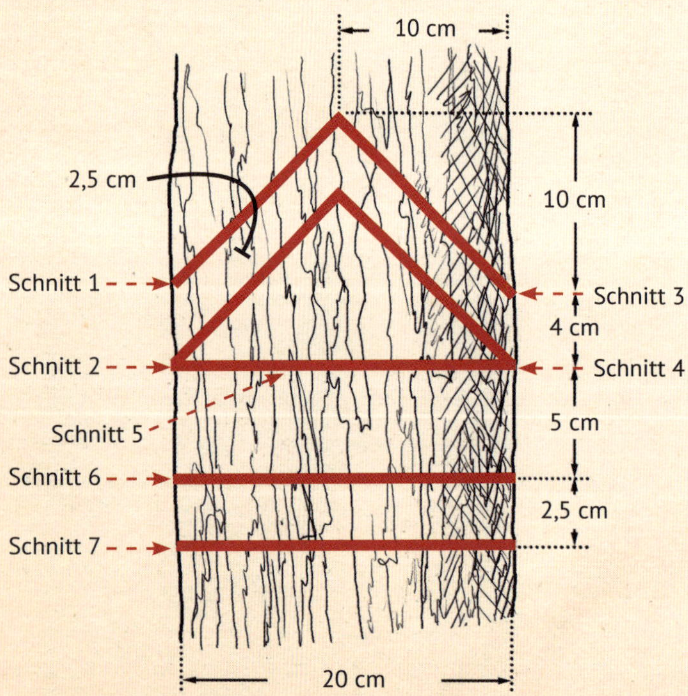

Vorderansicht

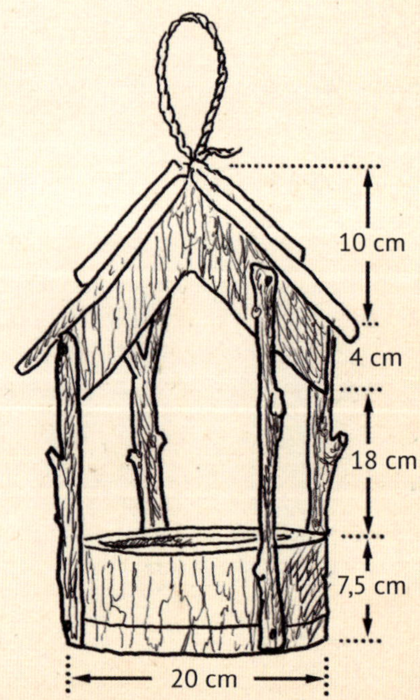

Zeichenerklärung

Schnittlinien

Das Holzstück zuschneiden/Die Teile verbinden

1. Sie benötigen ein Stück Totholz mit 20 cm Durchmesser und 30 cm Länge. Markieren Sie nach der Schnittführung die Schnittlinien 1 bis 7 und führen Sie die Schnitte aus. Dadurch erhalten Sie drei Abschnitte: Dach, Napf und Boden. Die Innenseite des Dachs mit Leim tränken und das Teil beiseitelegen, damit es trocknen kann, während Sie den Boden bearbeiten.

2. Die Scheibe, die den „Napf" bilden soll, festschnallen und nach der Schrittanleitung für das Flachdach-Vogelhaus (siehe Seite 34) so weit aushöhlen, dass ein ca. 2,5 cm breiter Holzrand stehen bleibt.

3. Den Napf an den Boden heften, indem Sie beide Teile mit Leim bestreichen und sie zusätzlich mit Stauchkopfnägeln im Überkreuzmuster (siehe Seite 21) befestigen.

4. Sammeln Sie vier Stöckchen von 2 bis 2,5 cm Dicke und 36 cm Länge. Dach- und Bodenteil auf eine ebene Fläche legen, ausrichten und mit 50 mm langen Stauchkopfnägeln im Überkreuzmuster (siehe auch Frontansicht) zwei Stöckchen an der 10-Uhr- und 2-Uhr-Position anbringen.

5. Das gesamte Gebilde auf den Kopf stellen und die restlichen beiden Stöckchen auf der anderen Seite in derselben Weise festmachen. Benutzen Sie eine scharfe Gartenschere zum Schneiden, damit die Stöckchen bündig mit Dach- und Bodenlinie abschließen.

Am besten sieht es aus, wenn Sie beim Aushöhlen des Futterspendernapfes den natürlichen Baumringen folgen.

Die Stöckchen eben abschneiden und den Futterspender aufstellen, um sicherzugehen, dass die Stöckchen auch plan sind.

Fertigstellung

6. Mit einem 6-mm-Bohrer ein Abflussloch im Zentrum des Bodens bohren. Mit demselben Bohrer Löcher für den Aufhängedraht bohren (siehe Grafik Aufhängung).

7. Verdrillen Sie PVC-beschichteten Bindedraht, stecken Sie die Enden durch die Löcher und formen Sie an der Spitze eine wieder lösbare Schlaufe (siehe Seite 23). Das Hirnholz vollständig mit Leim tränken und den Futterspender über Nacht zum Trocknen aufhängen.

8. Dekorieren Sie den Futterspender nach Ihrer Fantasie. Wir haben uns vorgestellt, wo unterschiedlich große Vögel einen Landeplatz finden könnten und wie sie sich um das Haus herum bewegen. Es ist interessant zu beobachten, wie sie auf Stöckchen landen und aus einem Zapfen die Samen picken, während der Napf voller Körner ist.

Aufhängung

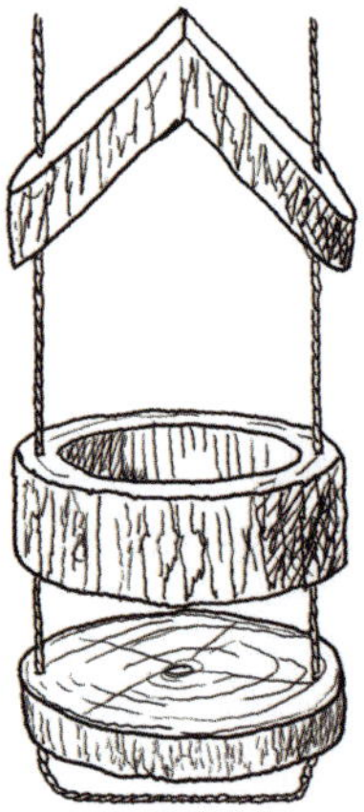

Tipp: Für diesen Futterspender benötigen Sie kein absolut trockenes Holz; allerdings sollte es ordentlich ausgehärtet sein, damit es nicht nach einiger Zeit Risse bekommt.

Erdnussbutter-Futterstation

Dies ist der beliebteste Futterspender in unserem Garten. Wir füllen in zweimal am Tag mit Stücken von einer speziellen Erdnussbutter für Vögel, und viele Meisen und Spechte sind ganz scharf darauf. Außerdem haben wir einen zweiten an einer Stelle platziert, wo ihn Eichhörnchen gut erreichen können. Jeder liebt Erdnüsse!

Vorderansicht

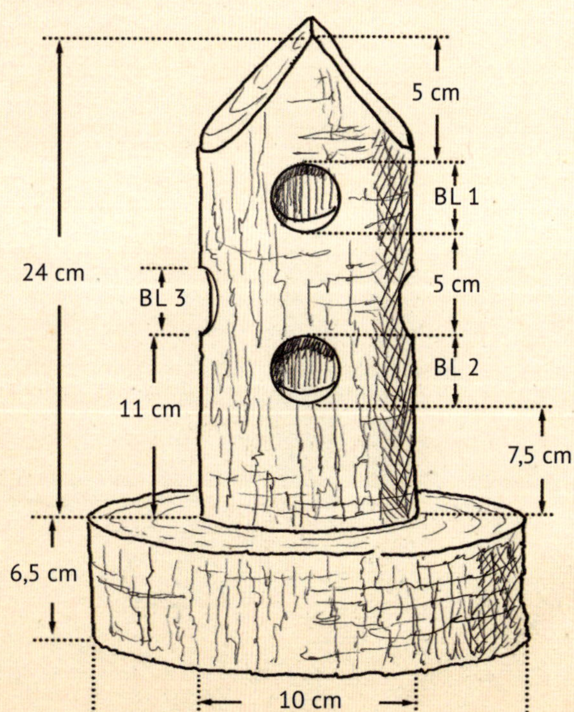

Schnittführung Rückseite

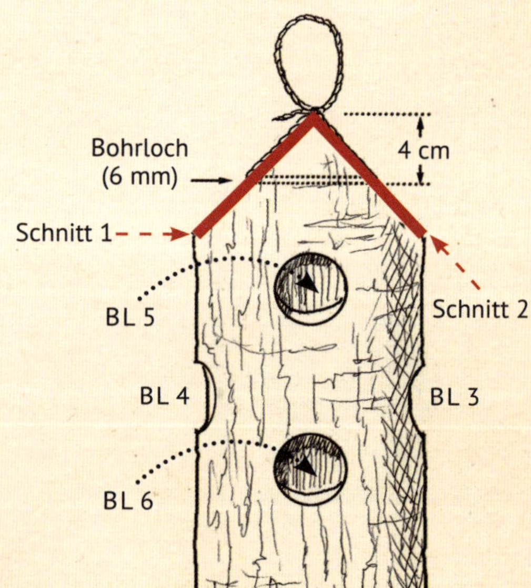

Zeichenerklärung

Schnittlinien

BL 1–6 = Bohrlöcher (32 mm)

Den Futterspender fertigstellen

1. Sie benötigen ein Stück Totholz mit einem Durchmesser von 10 cm und einer Länge von 30 cm. Achten Sie darauf, dass es vollständig getrocknet ist, denn Pflanzensaft, der zwischen die Holzfasern gerät, erzeugt mit der Zeit Schimmel, wenn täglich Erdnussbutter gefüttert wird. Außerdem brauchen Sie eine Holzscheibe (20 cm Durchmesser, 5 cm dick) als Basis, auf der die Vögel sitzen können, wenn sie fressen.

2. Die Schnittlinien nach der Schnittführung markieren und die Schnitte 1 bis 3 ausführen. Mit einem 32-mm-Bohrer die Löcher 1 bis 6 nach den beiden Grafiken bohren; jedes Loch sollte ca. 2 cm tief sein.

3. Den Boden des Hauses in die Mitte der Bodenscheibe setzen, verleimen und zusätzlich mit 50-mm-langen Stauchkopfnägeln im Überkreuzmuster (siehe Seite 21) befestigen.

4. Mit einem 6-mm-Bohrer ein Loch gerade durch das Dachareal bohren. Nach der Schnittführung hinten einen Aufhängedraht durchziehen und an der Spitze eine wieder lösbare Schlinge formen (siehe Seite 23). Jetzt den Rest des nach außen weisenden Hirnholzes mit Leim tränken: die Seiten des Daches und beide Seiten der Basis mit 20 cm Durchmesser. Alles über Nacht zum Trocknen aufhängen.

5. Wenn Sie einen solchen Futterspender dekorieren, überlegen Sie, wo die Vögel sitzen können, um leichten Zugang zu dem Erdnussbutterring zu haben. Sollte die eine oder andere Art nicht ans Futter kommen, können Sie Holzstöckchen einbauen, damit es leichter wird; außerdem dienen sie anderen Vögeln als Wartesitz, bis sie an der Reihe sind. Manchmal führen Vögel ihre Jungen zum Futterspender; diese können auf einem Stöckchen sitzen und warten, während die Eltern Erdnussbutter holen und an sie weiterfüttern.

Futterstation Elfentür

Dieser Futterspender für Talg und Fett zählt zu unseren beliebtesten Objekten. Er hat auf jeder Seite eine schmale gewölbte Tür, die gerade groß genug ist, dass Elfen hindurchschlüpfen und Vögel Futter holen können. Vögel lieben es eindeutig, auf dem Futterspender zu stehen und Sonnenblumenkerne durch die kleinen Elfentüren zu picken.

Schnittführung Vorderansicht

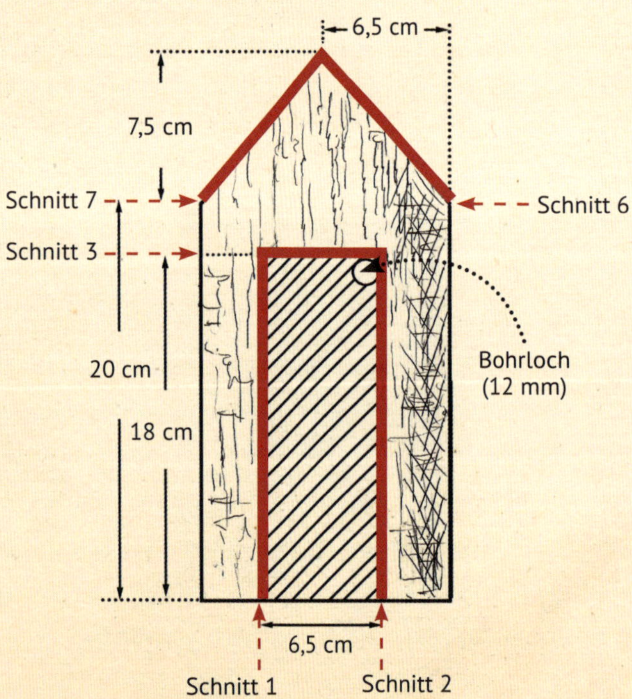

Schnittführung seitlich

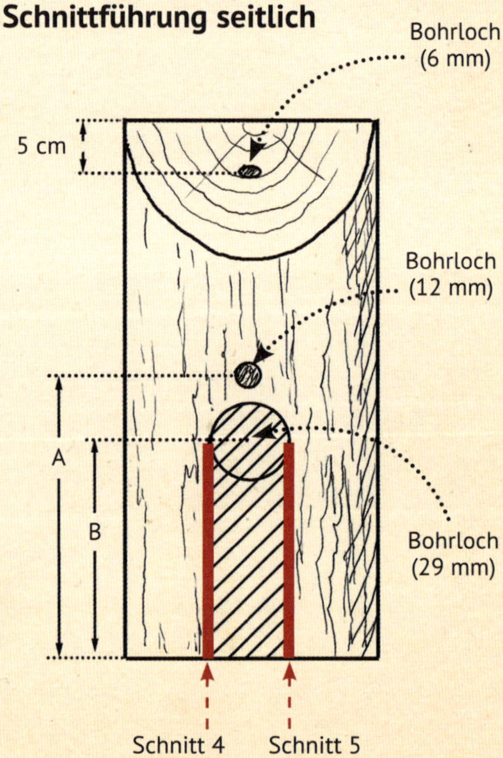

Zeichenerklärung

Schnittlinien — A 16 cm — B 12,5 cm

Den Futterspender fertigstellen

1. Sie benötigen ein Stück Totholz mit einem Durchmesser von 12,5 cm und einer Länge von 30 cm. Die Schnittlinien nach der Schnittführung markieren. Mit einem 12-mm-Bohrer ein Loch in die obere rechte Ecke der Vordertür bohren (siehe Schnittführung Vorderseite), dann mit der Stichsäge (150-mm-Sägeblatt) die Schnitte 1 bis 3 ausführen. Das Mittelstück beiseitestellen, es dient später als Basis.

2. Nach der Schnittführung seitlich den Holzblock um 90 Grad drehen und vom Boden her 16 cm abmessen. Das Zentrum markieren und mit einem 15 cm langen 12-mm-Bohrer gerade durchbohren. An dieser Stelle wird ein Stöckchen durch die Löcher gesteckt, das die Talgschale an ihrem Platz hält.

3. Messen Sie 12,5 cm vom Boden her ab und markieren Sie das Zentrum. Mit einem 29-mm-Flachfräsbohrer gerade durch den Holzblock bohren. Dadurch entsteht der Torbogen über den Elfentüren. Wechseln Sie zu einem 150-mm-Sägeblatt und führen Sie die Schnitte 4 und 5 aus, um die Türen fertigzustellen.

4. Die Schnitte 6 und 7 ausführen, das ergibt die Dachspitze. Mithilfe von Leim und Nägeln das Mittelstück aus Schritt 1 am Boden des Futterspenders befestigen; damit schaffen Sie einen Untergrund, auf dem die Vögel stehen können.

5. Suchen Sie einen Stock von maximal 12 mm Durchmesser und einer Mindestlänge von 18 cm. Schnitzen Sie ihn so zurecht, dass ein Ende spitz zuläuft.

6. Mit einem 6-mm-Bohrer ein Loch gerade durch das Dach bohren, 5 cm unterhalb der Spitze. Einen Aufhängedraht durchziehen und an der Spitze eine wieder lösbare Schlinge formen (siehe Seite 23). Das gesamte Hirnholz mit Leim tränken und die Futterstation über Nacht zum Trocknen aufhängen. Platzieren Sie ein Körbchen für einen Fettfutterriegel im Inneren des Futterspenders und stecken Sie das angespitzte Stöckchen als Halter durch die Löcher. Dekorieren Sie nach Ihren Vorstellungen.

Vorderansicht

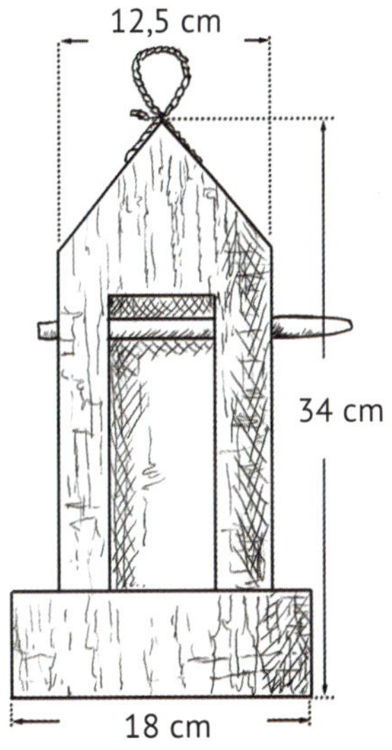

Futterstation Treibholz

An diesem Futterspender lassen sich Vögel sehr gut beobachten. Das Holz dafür findet man häufig an Flussufern oder am Strand. Spechte stützen sich mit ihrem Schwanz daran ab, und kleine Zugvögel besuchen ihn abwechselnd. Wir haben Löcher für Erdnussbutterstückchen (spezielle Erdnussbutter für Vögel gibt es im Fachhandel) hinzugefügt, sodass Wildvögel hier mehrere Leckerbissen finden.

Schnittführung

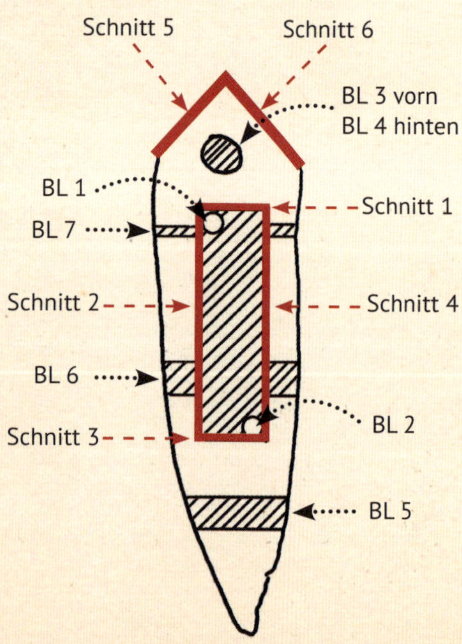

Vorderansicht

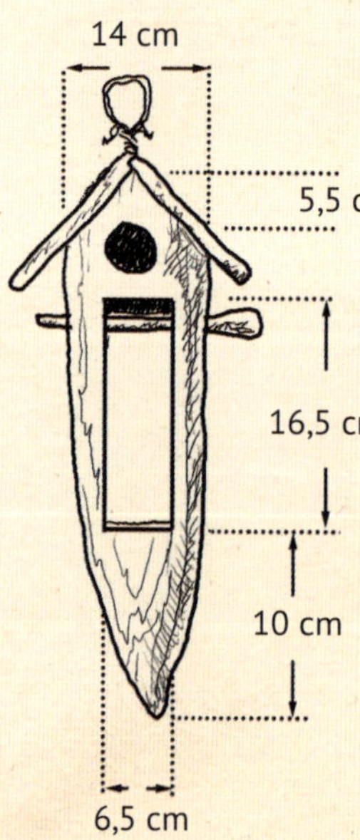

Seitenansicht

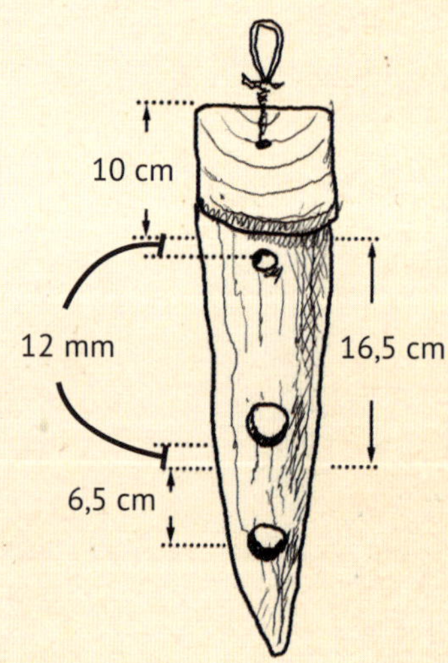

Zeichenerklärung

Schnittlinien

BL 1–7 = Bohrlöcher

Den Futterspender fertigstellen

1. Sie benötigen ein Stück Totholz mit einem Durchmesser von 14 cm und einer Mindestlänge von 25 cm, das sich um einige Zentimeter verjüngt. Markieren Sie den Holzblock nach den Grafiken und schnallen Sie ihn fest, und zwar oberhalb der bezeichneten Spitze. Hier hat das Holzstück den größten Durchmesser – die ideale Stelle, um es für den Großteil der Arbeit an einem Platz zu halten.

2. Mit einem 30 cm langen 12-mm-Bohrer die Löcher 1 und 2 durch die gesamte Breite des Holzblocks bohren (siehe Schnittführung). Mit einer Stichsäge (Sägeblatt 150 mm) an den Löchern ansetzen und Schnitt 1 bis 4 ausführen. Sobald die Schnitte verbunden sind, fällt das Mittelstück heraus.

3. Mit demselben Bohrer führen Sie das Bohrloch 7 durch das ganze Holzstück aus. Das ergibt die Eintrittsstelle für den zugespitzten Stock. Anschließend mit einem Flachfräsbohrer (32 mm) die Löcher 5 und 6 durch das gesamte Holz bohren, dann die Löcher 3 und 4, allerdings nur 2 cm tief. Darin können Sie die Erdnussbutter platzieren.

4. Die Schnitte 5 und 6 ausführen, das ergibt die Dachlinie, wobei das restliche Stück von dem festgeschnallten Holzblock entfernt wird. Mit einem 6-mm-Bohrer ein Loch gerade durch das Dach bohren, 5,5 cm unterhalb der Spitze. Einen Aufhängedraht durchziehen und an der Spitze eine wieder lösbare Schlinge formen (siehe Seite 23). Das gesamte Hirnholz mit Leim tränken und die Futterstation über Nacht zum Trocknen aufhängen.

5. Suchen Sie einen Stock aus Hartholz mit 2 cm Durchmesser und 20 cm Länge und schnitzen Sie ihn zu nach der Vorlage (siehe rechts). Mit diesem Stift wird das Talg-Körbchen gehalten. Dekorieren Sie nach Ihren Vorstellungen, setzen Sie ein Dach als Wetterschutz auf und fügen Sie Sitzstangen hinzu.

Stöckchen

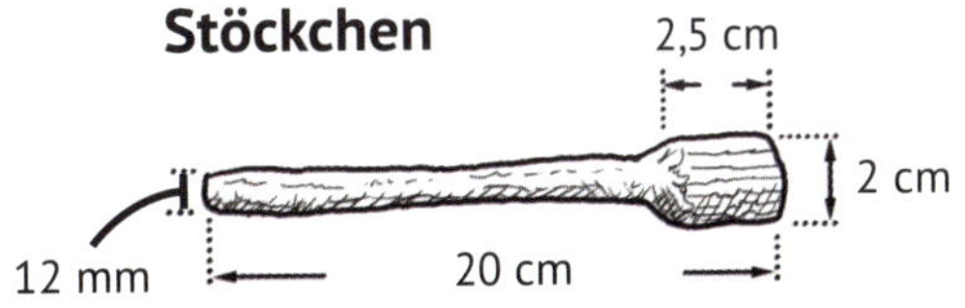

Insektenhotels

Dieses Projekt besteht aus drei verschiedenen Häusern von unterschiedlicher Höhe. Zwischen dem Rindendach und dem Hauskörper können Marienkäfer ihre Eier ablegen. Manche Schmetterlinge nutzen dafür auch die Innenseite der Rinde. Mauerbienen füllen die Kammern abwechselnd mit Pollen und Eiern. Pollen sammelnde Nachtfalter suchen mitunter in den Kammern Schutz, während sie ihre Kokons spinnen.

Die Insektenhotels fertigstellen

1. Sie benötigen ein Holzstück mit 7,5 bis 12 cm Durchmesser und 51 cm Länge. Markieren Sie entsprechend der Schnittführung die Schnittlinien für alle drei Häuser. Führen Sie die Schnitte 1 bis 8 in der Reihenfolge von unten nach oben aus. So erhalten Sie drei verschieden große Stücke in der Form eines Vogelhauses.

2. Mit einem 6-mm-Bohrer die Löcher für die Kammern in das mittlere Haus bohren (siehe Vorderansicht mittleres Haus). Das erste Loch sollte 4 cm unter der Spitze liegen. Bohren Sie durch das Holz bis fast zur anderen Seite (hilfreich ist ein Bohrer, der etwas kürzer als der Durchmesser des Holzblocks ist). Das nächste Loch wieder im Abstand von 4 cm setzen, ebenso das dritte.

Schnittführung

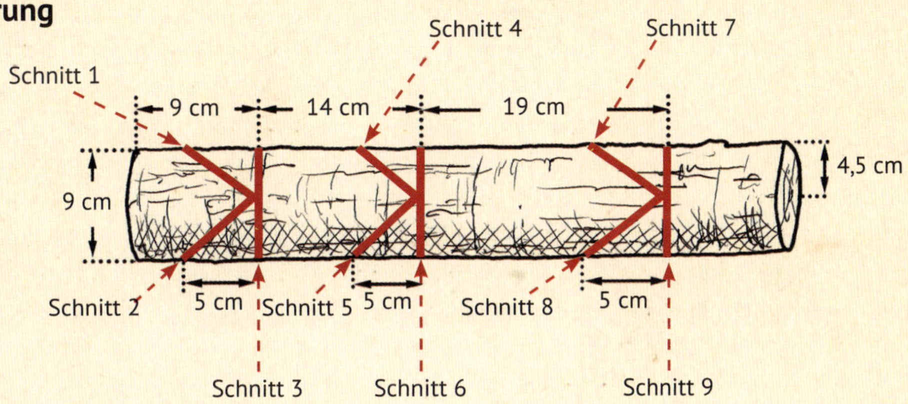

Vorderansicht kleines Haus

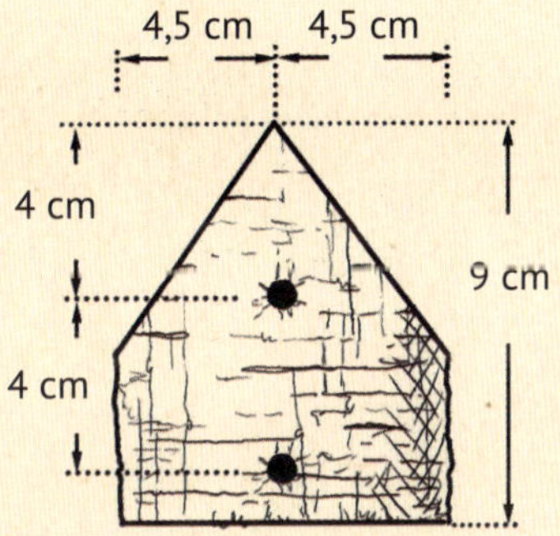

Vorderansicht mittleres Haus

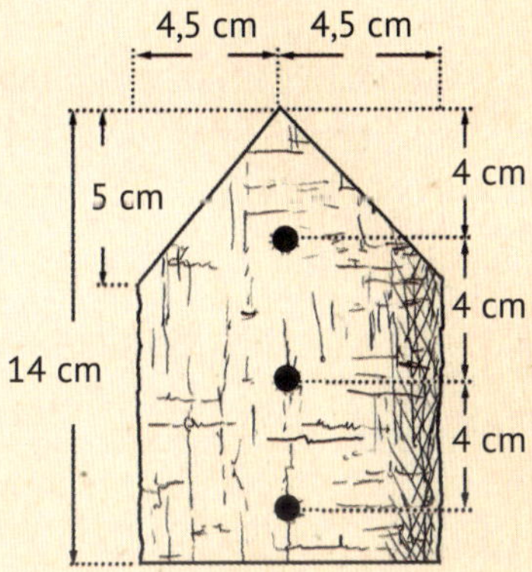

Vorderansicht großes Haus

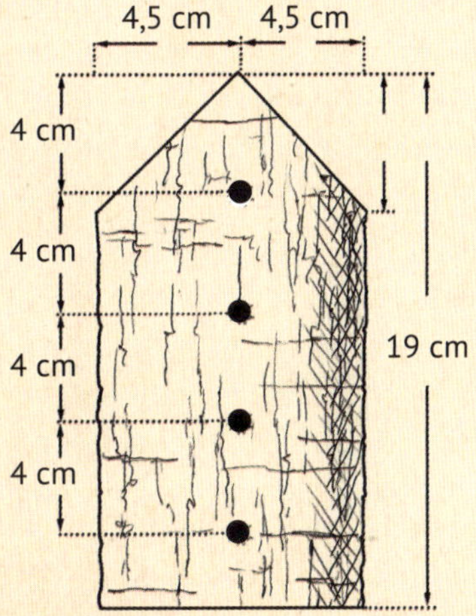

Ansicht von oben (alle Häuser)

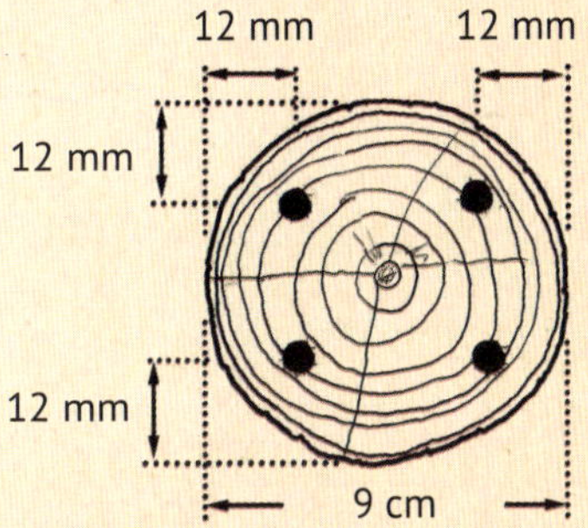

Zeichenerklärung

Schnittlinien

● Bohrlöcher (6 mm)

3. Das Mittelstück umdrehen, dieses Mal 5 cm von der Spitze her abmessen und die erste Kammer auf der Rückseite des Hauses bohren. Weitere 5 cm abwärts die nächste Kammer anlegen.

4. Anschließend nach demselben Prinzip die Kammern im kleinen und großen Haus bohren. Auf der einen Seite beginnen Sie 4 cm von der Spitze entfernt und arbeiten sich in 4-cm-Intervallen nach unten. Auf der anderen Seite starten Sie in 5 cm Abstand von der Spitze mit der ersten Kammer. Beachten Sie, dass es auf der Rückseite des kleinen Hauses nur Platz für ein einziges Loch gibt.

5. In den Boden jedes Hauses bohren Sie vier Löcher (6 mm Durchmesser) in gleichmäßigem Abstand (siehe Ansicht von oben).

6. Mit einem 6-mm-Bohrer quer durch jedes Dach Löcher für den Aufhängedraht bohren. Einen einzelnen Strang PVC-beschichteten Aufhängedraht durchziehen und an der Spitze eine wieder lösbare Schlaufe formen (siehe Seite 23).

7. Die Oberflächen von Dach und Boden jedes Hauses mit Leim tränken und alle über Nacht zum Trocknen aufhängen.

8. Alle drei Häuser nach Ihren Wünschen dekorieren. Sie können ähnliche Elemente verwenden und damit ein kleines Dorf kreieren oder Sie gestalten jedes Haus individuell als eigenes Kunstobjekt. Und natürlich können Sie Häuser weiterverschenken, sodass Ihre Freunde ein Insektenhotel vom gleichen Holzstück haben.

Für welche Insekten geeignet

Es gibt viele unterschiedliche Arten von Wildbienen, die sich in der Größe beträchtlich unterscheiden. Wir haben für die Kammern unserer Insektenhotels einen 6-mm-Bohrer verwendet, aber Sie können natürlich andere Größen wählen, die den in Ihrem Raum vorkommenden Insekten entsprechen.

Tipp: Wenn Sie möchten, können Sie jedem Loch mehr Tiefenwirkung verleihen, indem Sie es mit dunkler Farbe hervorheben.

Hummel-Haus

Hummeln stellen genau dieselben Ansprüche an ihr Quartier wie Wildbienen. Sie benötigen die trockene, von Pflanzensaft freie und gut temperierte Umgebung, die unser Block aus Totholz bietet. Er wirkt wie eine Thermoskanne, hält die Feuchtigkeit sowie extreme Wärme und Kälte in Schach. Weitere Informationen, wo Sie Ihr Insektenhotel am besten aufstellen, finden Sie auf Seite 27.

Schnittführung Vorderseite

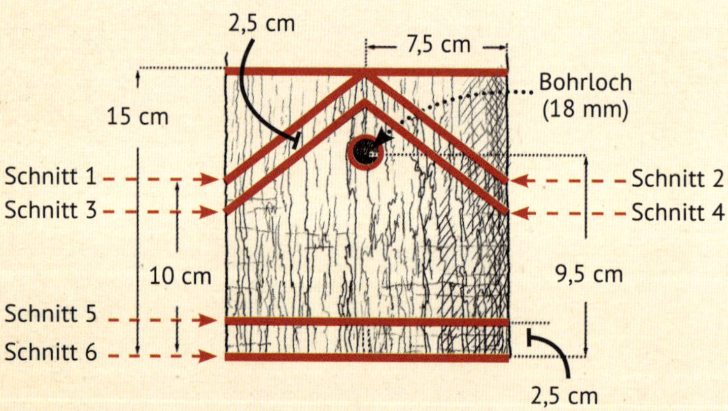

Ansicht von oben

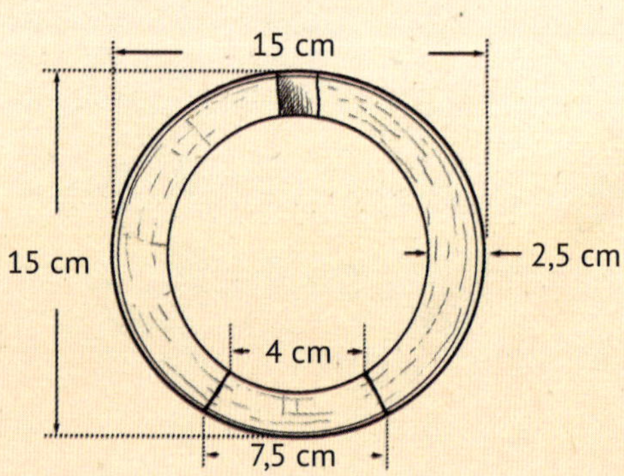

Schnittführung Rückseite

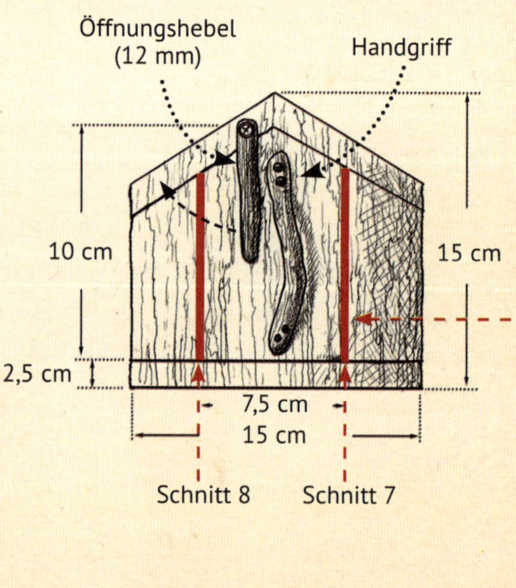

Zeichenerklärung
Schnittlinien

Zuschneiden/Die Teile verbinden

1. Sie benötigen ein Stück Totholz mit 15 cm Durchmesser und 20 cm Länge. Markieren Sie nach der Schnittführung Vorderseite die Schnittlinien 1 bis 5. Führen Sie die Schnitte 1 bis 5 mit einer Stichsäge (230-mm-Sägeblatt) in der Reihenfolge aus. Markieren und bohren Sie das Einflugloch mit einem 18-mm-Bohrer.

2. Dach- und Bodenteil beiseitelegen und das Mittelstück festschnallen, bevor Sie es aushöhlen. Wenn das Holz relativ weich ist, aushöhlen wie bei Projekt 2 beschrieben (siehe Seite 40). Ist das Holz dagegen hart, halten Sie sich an die Anweisungen aus Projekt 1 (siehe Seite 34). Sobald das Mittelstück ausgehöhlt und ein ca. 2 cm breiter Rand übrig ist, markieren Sie Schritt 7 und 8 und führen Sie aus (siehe Schnittführung Rückseite). Dadurch entsteht die Tür.

3. Das Mittelstück am Boden des Hauses befestigen: Tragen Sie dazu auf beiden Seiten Leim auf und verwenden Sie 50-mm-Stauchkopfnägel im Überkreuzmuster (siehe Seite 21). Die Tür noch nicht einhängen.

4. Das Dach mit Leim und Stauchkopfnägeln im Überkreuzmuster befestigen. Vorsicht: Nicht zu fest nach unten drücken. Die Tür soll sich leicht nach innen und außen bewegen lassen. Leim auf das Hirnholz rund um die kleine Tür auftragen und alle Teile gut trocknen lassen. Sobald sie trocken sind, eine Mischung aus Wachs und Tungöl (siehe Seite 22) über den getrockneten Leim rund um die Tür auftragen, sodass der Leim die Tür nicht mehr festkleben kann.

Tür im Detail

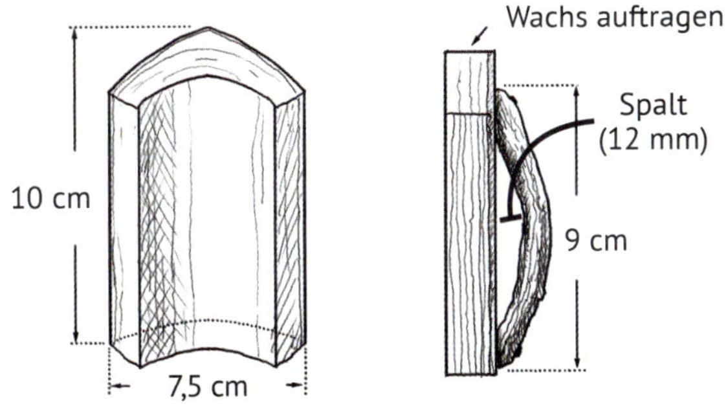

Fertigstellung

5. Schauen Sie sich die Grafiken auf Seite 108 und 109 über die entfernbare Tür an. Sie benötigen zwei Hartholz-Stöckchen von 12 mm Durchmesser. Einer sollte leicht gebogen und 9 cm lang sein – er bildet den Handgriff. Der andere sollte gerade und 7,5 cm lang sein – er fungiert als Hebel. Das gebogene Stöckchen mit 25-mm-Stauchkopfnägeln an der Tür befestigen: zwei am oberen und zwei am unteren Ende (keinen in der Biegung). Die Tür in Position bringen, den geraden Hebel neben den Griff halten und mit einem 3-mm-Bohrer 12 mm tief durch Hebel und Dach bohren. Mit einer 50-mm-Ringschraube den Hebel befestigen – das ergibt einen einfachen Öffnungsmechanismus.

Der Hebel schwingt zur Seite, damit man die Tür besser entnehmen kann.

6. Mit einem 6-mm-Bohrer Löcher für den Aufhängedraht durch die Spitze bohren. PVC-beschichteten Bindedraht verdrillen, die Enden durch die Löcher stecken und eine wieder lösbare Schlaufe (siehe Seite 23) an der Spitze formen. Den Boden und die Spitze des Hauses vollständig mit Leim tränken und das Ganze über Nacht zum Trocknen aufhängen.

7. Dekorieren Sie das Haus nach Ihrer Fantasie (die Bienen bedienen sich nicht daran wie Vögel). Anschließend öffnen Sie die Tür auf der Rückseite und füllen das Haus mit Flaum unterschiedlicher Art. Hummeln nutzen ähnliches Material wie wildlebende Vögel, zum Beispiel Haare Ihrer Hausiere, Wolle von Ziegen und Schafen oder Pflanzenteile wie Schilfrohr.

Die Bienen nutzen die Außenseite des Hauses nicht auf die Art, wie es Vögel tun. Deshalb dient die Dekoration einzig und allein Ihrem Vergnügen.

Flaum-Spender

Der Flaum-Spender hilft Vögeln auf praktische und skurrile Weise, für den Nestbau benötigtes Material zu finden - und Sie können so mit ihnen in Kontakt treten, indem Sie Ihre eigenen Haare oder die Ihrer Haustiere in den Spender geben und die Vögel dabei beobachten, wie sie das Material in ihr Nest tragen. Sie können auch Pflanzenfasern hineingeben, beispielsweise Halme und Moose.

Schnittführung

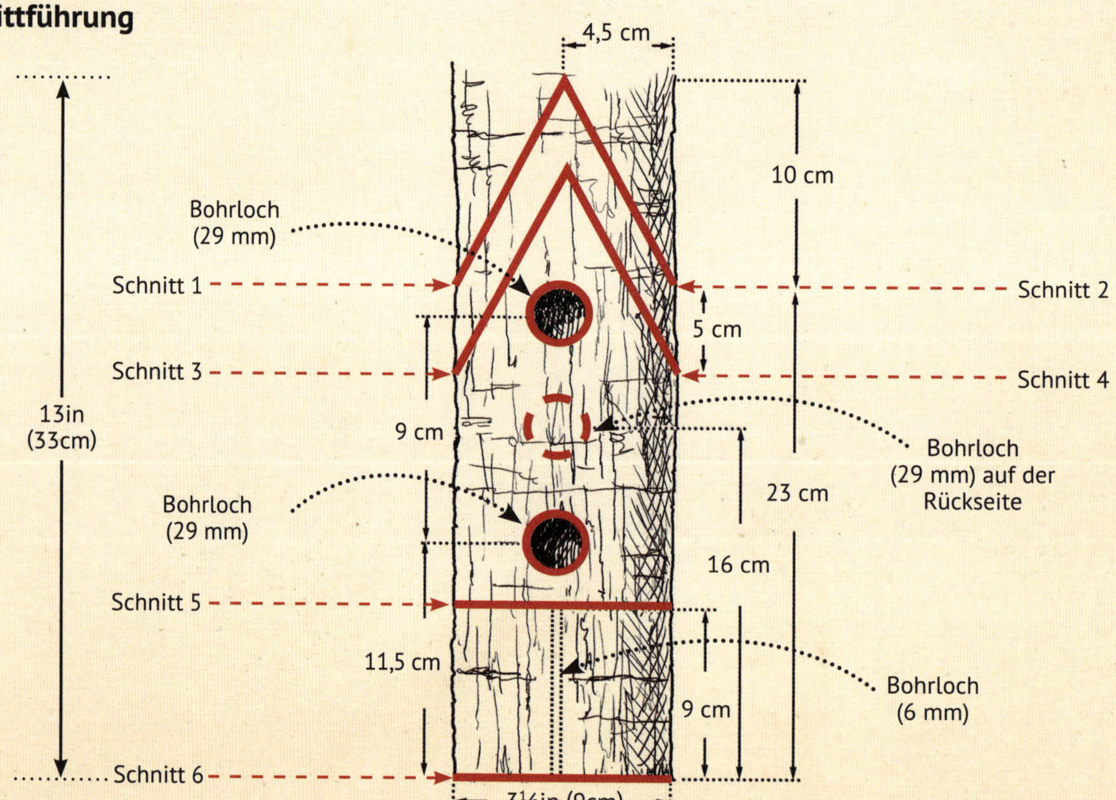

Zeichenerklärung

Schnittlinien

Zuschneiden/Die Teile verbinden

1. Sie benötigen ein Stück Totholz mit 7,5 cm Durchmesser und 36 cm Länge. Markieren Sie nach der Schnittführung die Schnittlinien 1 und 2 und führen Sie die Schnitte aus; das ergibt die Dachspitze. Anschließend die Schnitte 3 bis 6 auf dem Holzblock markieren.

2. Mit einem 29-mm-Flachfräsbohrer die beiden Löcher auf der Vorderseite des Mittelstücks bohren: das erste 12 mm über der Bodenlinie und 2,5 cm tief; das zweite nahe der Dachspitze und ebenfalls 2,5 cm tief. Anschließend das Holzstück umdrehen und ein weiteres Loch auf der Rückseite im Zentrum des Mittelstücks bohren. So stellen Sie sicher, dass sich keines der drei Löcher überschneidet.

Mit einer Holzraspel und Schleifpapier (Körnung 80) die Höhlung glattschmirgeln, damit die Vögel gut an den Flaum kommen. An einer rauen Innenfläche würden die Flaumteilchen hängen bleiben.

3. Die Schnitte 3 bis 6 ausführen, so erhalten Sie drei Abschnitte: Dach, Mittelstück und Boden. Das Mittelstück nach der Schrittanleitung in Projekt 1 (siehe Seite 34) aushöhlen, bis ein ca. 12 mm dicker Holzring übrig bleibt. Die Höhlung mit einer Holzraspel oder mit Schleifpapier glattschmirgeln.

4. Das Mittelstück am Boden anleimen und mit 50-mm-Stauchkopfnägeln im Überkreuzmuster (siehe Seite 21) festnageln. Leim auf die Dachinnenseite und das Hirnholz der Spitze des Mittelstücks auftragen. Beide Teile getrennt lagern und trocknen lassen.

5. Das Dach mit Schindeln decken; sie dienen sowohl als Regenschutz (siehe Seite 24) als auch zur Dekoration; nehmen Sie 25-mm-Stauchkopfnägel zur Befestigung. Bringen Sie verschiedene Sitzstangen für die Vögel an, von denen aus sie den Flaum aus den Löchern aufnehmen können. Die Stöckchen mit 50-mm-Stauchkopfnägeln am Bodenstück befestigen. Wenn Sie eine Sitzstange nahe des höchsten Loches anbringen, nehmen Sie 25-mm-Stauchkopfnägel, um zu vermeiden, dass sie in die Höhle hineinragen.

Fertigstellung

6. Mit einem 6-mm-Schlangenbohrer die Löcher für den Aufhängedraht bohren. Der Draht verläuft durch das Bodenstück, an den Seiten entlang und außerhalb des Spenders, ehe er auf jeder Seite durch die Dachschindeln bricht.

7. Mit dem gleichen Bohrer ein Abflussloch bohren. Es ist wichtig, dass während eines Sturms eingedrungenes Wasser sofort abfließen kann und nicht im Inneren des Spenders verbleibt.

8. Schneiden Sie 2,4 m PVC-beschichteten Bindedraht zu, verdrillen Sie ihn auf 1,2 m, stecken Sie die Enden durch die Löcher aus Schritt 6 und formen Sie an der Spitze eine wieder lösbare Schlaufe (siehe Seite 23), allerdings nicht direkt über dem Dach, sondern in einem Abstand von 15 cm, sodass Sie das Dach abheben können, um den Spender zu füllen.

9. Suchen Sie zwei kleine Stöckchen, die als Schienen fungieren, um das Dach nach dem Befüllen des Spenders wieder in seine Position zu bringen. Sie sollten so hoch sein wie der Korpus des Spenders, aber das Dach nicht beim Abnehmen behindern. Befestigen Sie die Stöckchen mit 25 mm langen Stauchkopfnägeln, aber achten Sie darauf, dass keine Nägel durch das Dach gehen, denn es sollte frei beweglich sein. Dann den Boden des Spenders mit Leim tränken und das Ganze über Nacht zum Trocknen aufhängen.

Messen Sie 15 cm mehr Draht ab, bevor Sie die wieder lösbare Schlinge an der Spitze formen, damit Ihnen ausreichend Platz bleibt, um das Dach abzuheben.

Füllen Sie den Spender mit Flusen und hängen Sie ihn an einer Stelle auf, wo Sie die Vögel gut beobachten können.

Beachten Sie:
Flusen aus dem Wäschetrockner sind nur dann für Wildvögel geeignet, wenn Sie weder Weichspüler noch Trockentücher verwenden. Die darin enthaltenen Chemikalien bleiben in den Flusen und können den Vögeln schaden.

Holzblock-Pflanzgefäß

Dieses Pflanzgefäß ist das Nonplusultra aus der Forstwirtschaft. Es nützt die Eigenschaften von Totholz, um neues Leben zu kultivieren - genau wie in der Natur. Diese Pflanzgefäße spenden natürliche Wärme und Feuchtigkeit, was für jedes Wurzelsystem förderlich ist. Außerdem kann man auf diese Weise Holz nutzen, das für Vogelhäuser zu weich ist.

Schnittführung

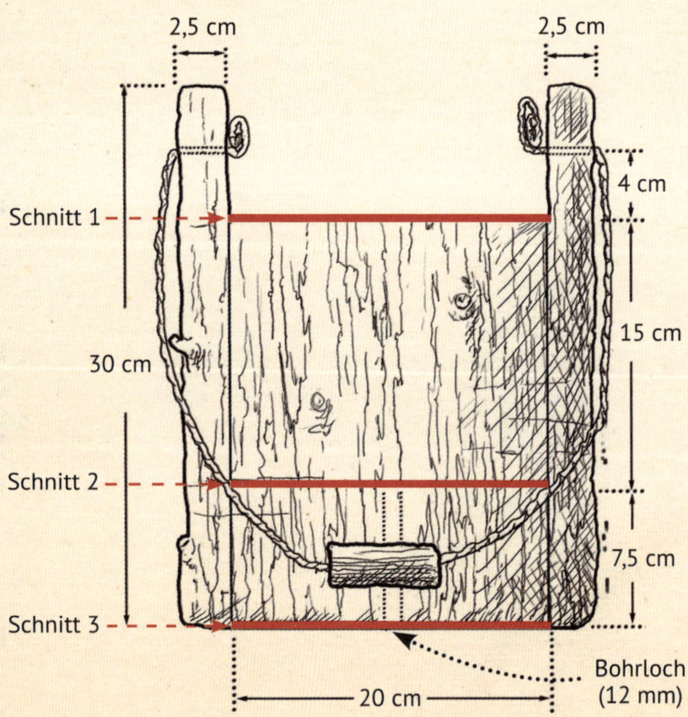

Zeichenerklärung

Schnittlinien

Detailansicht Griff

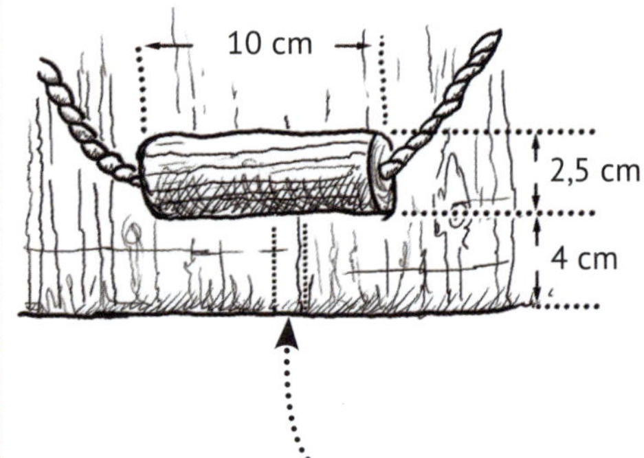

Zuschneiden/Die Teile verbinden

1. Sie benötigen ein Stück Totholz mit 15–30 cm Durchmesser; hier verwenden wir einen Holzblock von 20 cm Länge. Schnallen Sie ihn sorgfältig fest. Mit einer Stichsäge (300-mm-Sägeblatt) schneiden Sie das Ende ab, um eine ebene Oberfläche zu bekommen (Schnitt 1 nach der Schnittführung). Dann machen Sie eine Richtungsmarkierung auf dem Hirnholz.

2. Messen Sie 15 cm ab, führen Sie Schnitt 2 aus und legen Sie das Stück beiseite. Daraus wird die Schale des Pflanzgefäßes.

3. Machen Sie eine Richtungsmarkierung auf dem Holzblock wie unter Schritt 1. Messen Sie 7,5 cm ab und führen Sie Schnitt 3 aus. Dieses Stück bildet den Boden des Pflanzgefäßes.

4. Den 15 cm langen Holzblock festschnallen und aushöhlen. Wenn das Holz relativ weich ist, folgen Sie den Anleitungen aus Projekt 2 (siehe Seite 40). Ist das Holz dagegen hart, halten Sie sich an die Anweisungen aus Projekt 1 (siehe Seite 34). Fahren Sie fort, bis ein 4 cm breiter Rand aus festem Holz übrig bleibt.

Orientieren Sie sich an den Jahresringen, wenn Sie den Holzblock aushöhlen, dadurch sieht das Pflanzgefäß attraktiver aus.

5. Leim auf die Oberseite des Bodenteils und auf den Boden des ausgehöhlten Teils auftragen, beide Teile aufeinanderpressen und zusätzlich mit 50-mm-Stauchkopfnägeln im Überkreuzmuster (siehe Seite 21) festnageln. Mit einem 12-mm-Bohrer im Zentrum des Bodenteils ein Abflussloch bohren.

Fertigstellung

6. Suchen Sie sich zwei Stöckchen mit einem Durchmesser von 2,5–4 cm und einer Länge von 30 cm. Befestigen Sie auf jeder Seite des Holzblocks eines in vertikaler Richtung mit 50-mm-Stauchkopfnägeln. Von der Spitze des Pflanzgefäßes 4 cm nach oben abmessen und die Stelle auf beiden Stöckchen markieren. Mit einem 6-mm-Bohrer durch jedes Stöckchen horizontal bohren.

7. Für den Haltegriff benötigen Sie ein Stöckchen mit einem Durchmesser von 4 cm und einer Länge von 10 cm. Bohren Sie ein Loch (6 mm) der Länge nach durch das Zentrum.

8. Messen Sie 50–75 cm verdrillten Bindedraht ab (siehe Seite 23). Stecken Sie den Draht durch den Haltegriff, sodass sich dieser in der Mitte befindet. Den Draht halbmondförmig biegen und die Enden durch die Löcher aus Schritt 6 führen. Mit einer Nadelzange die beiden Enden zu einer Spirale drehen – achten Sie darauf, dass sich das Pflanzgefäß bequem tragen lässt – und diese bündig gegen das Stöckchen biegen.

Nehmen Sie keinen PVC-beschichteten Draht für den Haltegriff. Blankes Metall passt viel besser zu dem rustikal aussehenden Pflanzkübel.

9. Das obere und das untere Ende des Pflanzgefäßes mit Leim tränken, dabei mögliche Lücken mit Sägemehl füllen. Legen Sie das Pflanzgefäß auf die Seite und lassen Sie es über Nacht trocknen. Dekorieren Sie die Außenseite nach Belieben – dann ist das Gefäß fertig, und Sie können es bepflanzen.

Der blanke Metalldraht für den Haltegriff verwittert und altert auf natürliche Weise zusammen mit dem Pflanzgefäß.

Fledermauskasten mit einer Kammer

Fledermäuse benötigen als Nisthilfe genau die gleichen Grundlagen wie Wildvögel. Ein Fledermauskasten sollte warm, trocken und frei von Pflanzensaft sein, der mit der Zeit Schimmel ansetzen würde. Fledermäuse sind äußerst empfindlich; die Eigenschaften von Totholz wirken sich im Gegensatz zu Schnittholz förderlich auf ihr Immunsystem aus.

Schnittführung Vorderseite

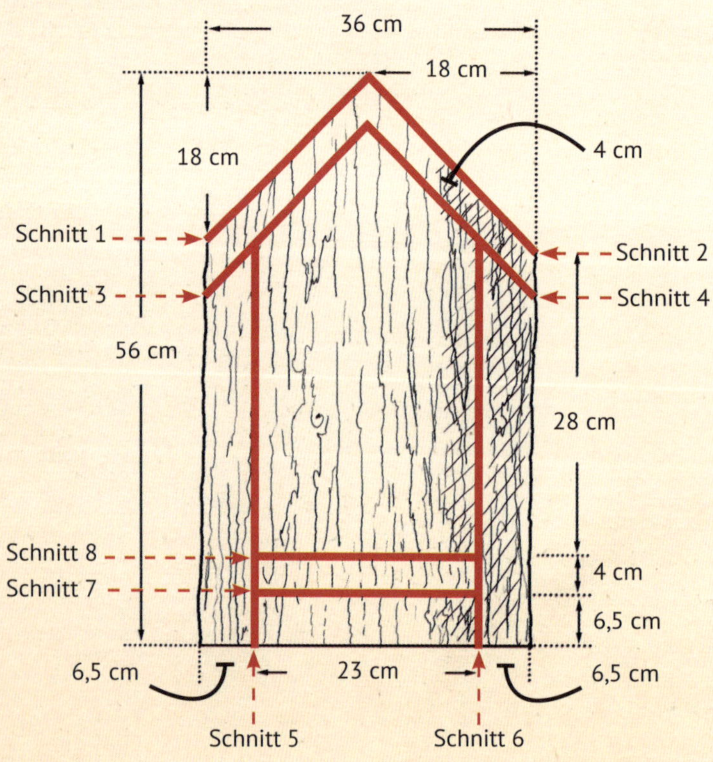

Zeichenerklärung

Schnittlinien

Beachten Sie: Alle Messungen an der flachen Rückseite und dem flachen Boden ausführen.

Schnittführung Basis

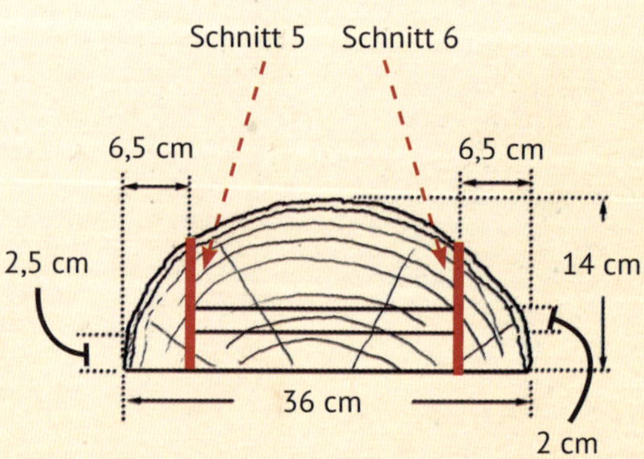

Das Holzstück zuschneiden

1. Sie benötigen einen halbrunden Totholzblock von 36 cm Breite, 14 cm Tiefe in der Mitte und 56 cm Länge. Die Fotos und Grafiken helfen Ihnen dabei, sich zu orientieren. Markieren Sie das Holzstück entsprechend der Schnittführung Vorderseite.

2. Schnitt 1 bis 4 in der Reihenfolge ausführen, dabei erhalten Sie ein zugespitztes Dach. Das Teil beiseitestellen. Nach der Schnittführung Vorderseite und Basis Schnitt 5 und 6 ausführen, die beiden Seitenteile entfernen und für den späteren Zusammenbau beiseitelegen.

3. Nach den Schnittführungen alle Markierungen auf dem Hauptstück anlegen. Anschließend Schnitt 7 ca. 11,5 cm und Schnitt 8 ca. 5 cm tief ausführen. Schnitt 9 machen und das Vorderteil entfernen. Sie können es entsorgen oder für andere Projekte aufheben.

4. Das restliche Teil abschleifen, anschließend eine Mischung aus Wachs und Tungöl (siehe Seite 22) auftragen, um das freiliegende Hirnholz zu versiegeln. Das Wachs schützt es vor Leim, wenn Sie die Teile wieder zusammensetzen.

5. Jetzt legen Sie die 2 cm große Rille an, die als die eigentliche Behausung für die Fledermäuse fungiert. Mit der Motorsäge das markierte Holz aushöhlen (Schnitt 10), dabei 5 cm vor der Spitze enden.

Diese Einkerbung bildet die eigentliche Behausung der Fledermäuse.

Schnittführung seitlich

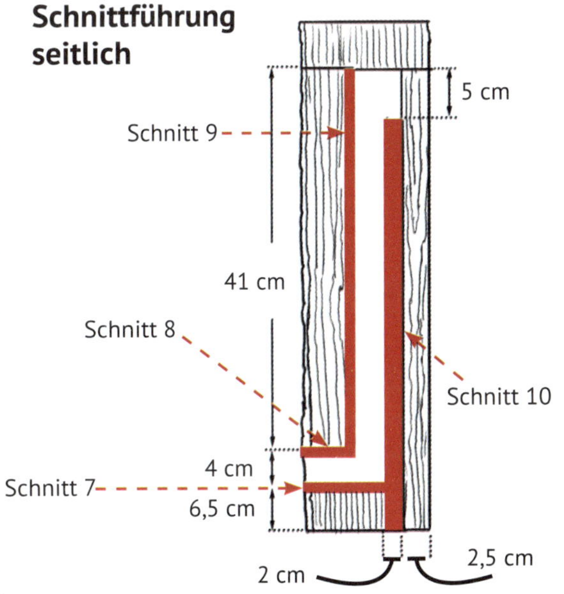

Die Teile verbinden/Fertigstellung

6. Beide Seitenteile mit Leim tränken und zusätzlich mit Stauchkopfnägeln (50 mm) in einem Überkreuzmuster (siehe Seite 21) befestigen.

7. Das Dach in derselben Weise anbringen. Achten Sie darauf, dass die Nägel nicht in den ausgehöhlten Innenraum ragen. Reiben Sie Sägemehl in die Spalten, um mögliche Lücken zu schließen und das Haus zu versiegeln.

8. Nun den Fledermauskasten auf den Rücken legen, um die Aufhängung anzubringen. Messen Sie 38 cm von unten und 10 cm vom Rand, markieren Sie die beiden Stellen und schlagen Sie zwei 50 mm lange Nägel in einem 45-Grad-Winkel nach oben und außen ein. Winden Sie ein kurzes Stück verdrillten, PVC-beschichteten Draht (siehe Seite 23) um die Nägel und formen Sie eine Aufhängeschlaufe.

9. Das Hirnholz an Spitze und Boden ausreichend mit Leim tränken und den Fledermauskasten über Nacht zum Trocknen aufhängen.

10. Anschließend dekorieren Sie nach Ihren Vorstellungen. Beachten Sie, dass der Fledermauskasten ziemlich hoch aufgehängt wird, deshalb sollte das Dekomaterial kontrastreich und auffällig sein, damit man es auf die Entfernung hin gut erkennen kann.

Wenn der Fledermauskasten senkrecht über dem Boden hängt, würden Jungtiere herausfallen. Mit dieser Aufhängevorrichtung bildet das Haus einen Winkel, sodass die Jungen bis zum ersten Ausflug im Inneren bleiben können.

Fledermauskasten mit zwei Kammern

Für diesen Fledermauskasten haben wir besonders trockenes Holz des Mammutbaums verwendet, dessen dunkle Farbe Wärme abstrahlt. Bringen Sie Ihren Fledermauskasten so an einem Pfosten oder Baum an, dass er nach Süden schaut, damit das Holz tagsüber die Sonnenstrahlen aufnehmen kann.

Schnittführung Vorderseite

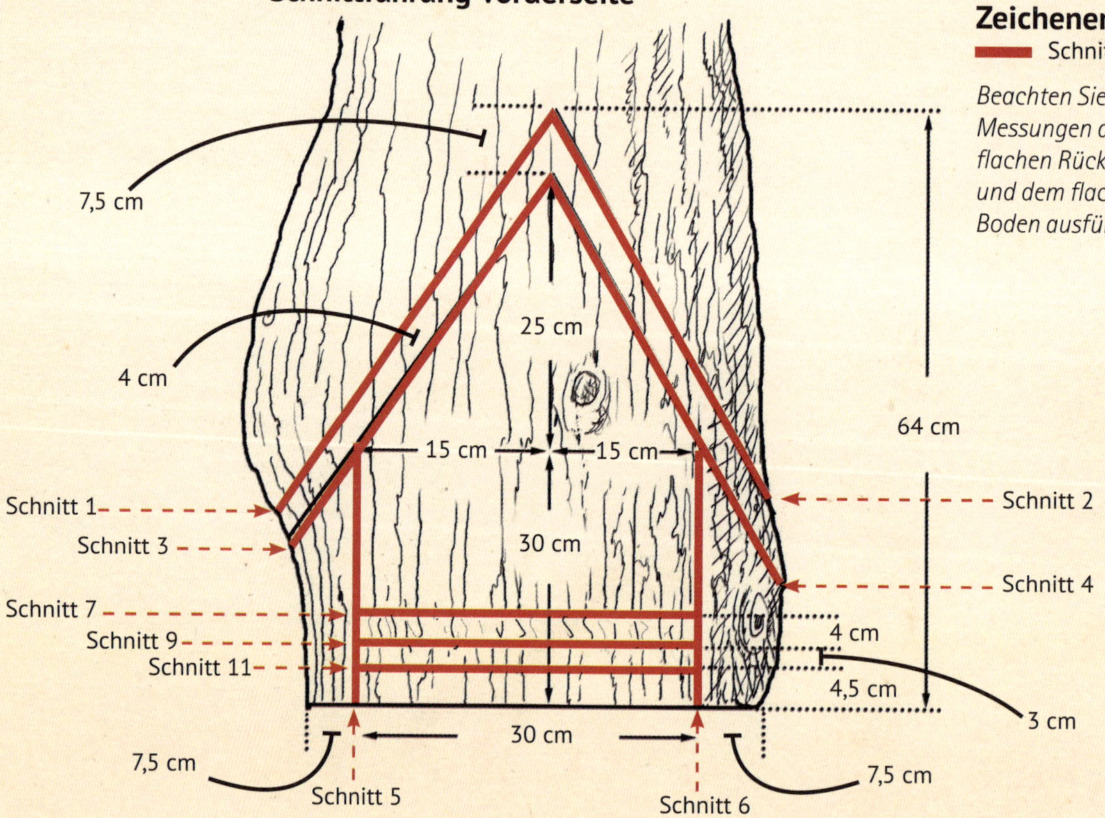

Zeichenerklärung

Schnittlinien

Beachten Sie: Alle Messungen an der flachen Rückseite und dem flachen Boden ausführen.

Das Holzstück zuschneiden

1. Sie benötigen die Hälfte eines großen Totholzblocks von 46 cm Durchmesser, 71 cm Länge und 20 cm Tiefe in Höhe der Bogenrundung (siehe Schnittführung seitlich). Den Holzblock festschnallen und die Markierungen entsprechend der Schnittführung Vorderseite ausführen.

2. Mit einer Stichsäge (300-mm-Sägeblatt) Schnitt 1 bis 6 in der Reihenfolge ausführen, dabei Dach und Seitenteile entfernen und für später beiseitelegen.

3. Nach allen drei Schnittführungen die Schnittlinien 7 bis 12 auf drei Seiten markieren. Anschließend Schnitt 7 ca. 7,5 cm und Schnitt 8 ca. 44 cm tief ausführen. Dieses Vorderteil entfernen, dadurch entsteht die Vorderseite des Fledermauskastens. Das Holz abschleifen und eine Mischung aus Wachs und Tungöl (siehe Seite 22) auftragen, um es zu versiegeln.

Wenn Sie alle Holzteile einfärben, die entfernt werden sollen, können Sie das Design auf einen Blick verstehen, sobald Sie die Motorsäge ansetzen.

Die Vorderseite abschleifen und polieren, um das Holz zu versiegeln.

Schnittführung Basis

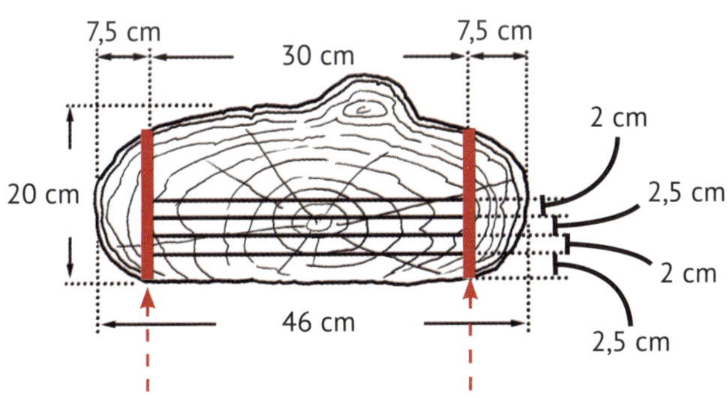

Schnittführung seitlich

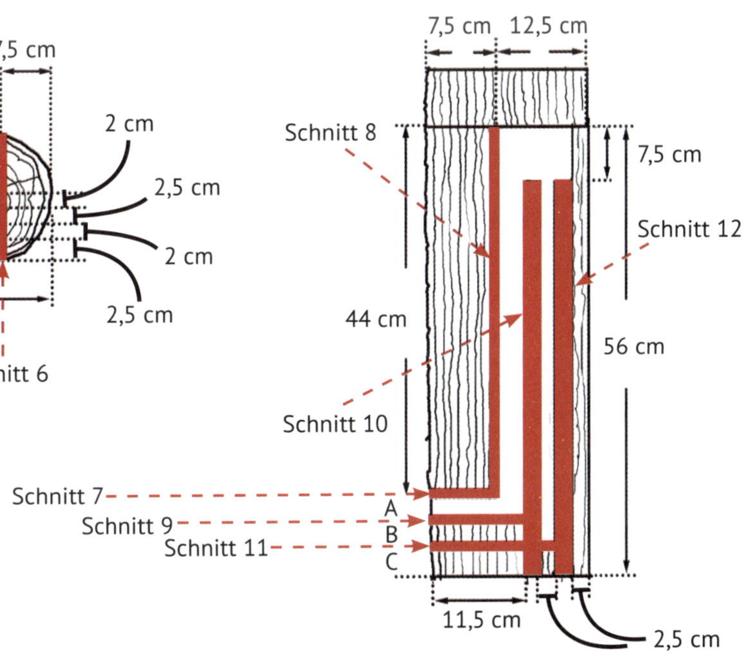

Zeichenerklärung

Schnittlinien

A 4 cm
B 3 cm
C 4,5 cm

4. Schnitt 9 ca. 11,5 cm tief ausführen. Dann wechseln Sie zur Motorsäge und machen Schnitt 10 mehrmals, bis die Öffnung ca. 2 cm breit ist. Das ergibt eine Einkerbung, die als Unterkunft für die Fledermäuse dient.

5. Wechseln Sie zurück zur Stichsäge und führen Sie Schnitt 11 ca. 2,5 cm tief aus. Schnitt 12 erfolgt wiederum mit der Motorsäge, und zwar gehen Sie wie bei Schritt 10 vor, sodass sich eine weitere 2 cm tiefe Einkerbung ergibt.

6. Rechtes und linkes Seitenteil mit Leim und zusätzlich mit Stauchkopfnägeln (50 mm) in einem Überkreuzmuster (siehe Seite 21) befestigen. Anschließend das Dach in derselben Weise anbringen.

7. Bringen Sie auf der Rückseite dieselbe Aufhängung wie für den Fledermauskasten mit einer Kammer an (siehe Seite 122). Das Hirnholz an Spitze und Boden ausreichend mit Leim tränken und den Fledermauskasten über Nacht zum Trocknen aufhängen.

8. Dekorieren Sie nach Ihren Vorstellungen mit natürlichen Materialien, heimelig und gemütlich oder modern und abstrakt. Beachten Sie, dass Fledermauskästen normalerweise ziemlich hoch aufgehängt werden, deshalb sollte das Dekomaterial kontrastreich sein, damit man es auf die Entfernung hin gut erkennen kann. Verwenden Sie beispielsweise silbern schimmernde Treibholzstöckchen oder dunkelgrünes Moos.

Dieses Haus ist ideal für eine neue Fledermauskolonie. Fledermäuse bilden im Lauf der Zeit Kolonien. Es beginnt mit wenigen Tieren, die nach optimalen Bedingungen Ausschau halten. Sie locken weitere Artgenossen an, nisten zusammen und bilden eine wachsende Gemeinschaft, wobei sie den ganzen Tag so eng wie möglich zusammenrücken.

Für welche Fledermäuse?

Dieser Fledermauskasten eignet sich ebenso wie der von Seite 120 für alle Fledermausarten, die in Ihrer Region vorkommen.

Fledermäuse lieben es, wenn der Kasten in 5 m Höhe angebracht ist, also suchen Sie sich einen geeigneten Platz.

Impressum

Titel der englischsprachigen Originalausgabe
Natural Birdhouses

Zuerst veröffentlicht in den USA von Shyhorse Publishing, 307 West 36th Street, 11th Floor, New York, NY 10018

Dieses Buch wurde entwickelt von Quantum Books Ltd, The Old Brewery, 6 Blundell Street, London N7 9BH

Deutsche Erstausgabe

Übersetzung und Redaktion der deutschen Ausgabe: Franz Leipold und Helene Weinold, Violau

Satz: Joe Möschl, München

Umschlaggestaltung: Büro 18, Friedberg (Bay.)

Umschlagmotive: Vorderseite: © Quantum Publishing; Rückseite: Hintergrund: © Kara – stock.adobe.com, links: © Quantum Publishing bis auf 3. von oben © nightsphotos – stock.adobe.com

Modellfotos: Digital Dunes Photography, Curt Peters

Schrittfotos: Amen und Maria Fisher

Skizzen: Amen Fisher

Printed in China

ISBN 978-3-8289-5595-0

Bildnachweis:

S. 4 shutterstock/Paul Reeves Photography; S. 11-12 shutterstock/Bryan Eastham; S. 13 shutterstock/Vetapi (oben), Paul Reeves (Mitte), StockPhotoAstur (unten); S. 13 shutterstock/Bildagentur Zoonar GmbH (oben), Gucio_55 (Mitte), Trofimov Denis (unten); S. 14 shutterstock/Karin Jaehne; S. 15 shutterstock/geertweggen (oben), Brian Dicks (unten); S. 16 shutterstock/geertweggen; S. 28 shutterstock/MVPhoto (links), Menno Schaefer (Mitte), Radka Palenikova (rechts); S. 29 shutterstock/Stephen Farhall (links), Katarina Christenson (Mitte), Trofimov Denis (rechts); S. 33 shutterstock/MV Photo; S. 40 shutterstock/Alan Scheer; S. 55 shutterstock/StevenRussellSmithPhotos; S. 56 shutterstock/Toni Genes; S. 60 shutterstock/Bildagentur Zoonar GmbH; S. 64 shutterstock/Paul Reeves Photography; S. 70 shutterstock/Mike Truchon; S. 83 shutterstock/Bildagentur Zoonar GmbH; S. 106 shutterstock/Vetapi; S. 126 shutterstock/Stephen Farhall

Alle weiteren Fotos: © Quantum Publishing